U0112030

大展好書　好書大展
品嘗好書　冠群可期

大展好書　好書大展

品嘗好書　冠群可期

休閒娛樂

18

盆花養護99招

劉宏濤　王暢　編著　秦懷新　劉曉峰等繪圖

大展出版社有限公司

國家圖書館出版品預行編目資料

盆花養護99招 / 劉宏濤・王暢 編著
—初版—臺北市：大展 ，2004【民93】
面 ； 21公分 —（休閒娛樂；18）
ISBN 957-468-322-2 (平裝)
1.盆栽 2.花卉—栽培

435.8 93010707

盆花養護99招 ISBN 957-468-322-2

編著者 / 劉宏濤、王暢
繪圖者 / 秦懷新、劉曉峰、楊振亞、秦繼文
責任編輯 / 曾 素
發行人 / 蔡森明
出版者 / 大展出版社有限公司
社 址 / 台北市北投區（石牌）致遠一路2段12巷1號
電 話 / （02）28236031・28236033・28233123
傳 真 / （02）28272069
郵政劃撥 / 01669551
網 址 / www.dah-jaan.com.tw
E-mail / service@dah-jaan.com.tw
登記證 / 局版臺業字第2171號
承印者 / 揚昇彩色印刷有限公司
裝 訂 / 協億印製廠股份有限公司
排版者 / 順基國際有限公司
初版1刷 / 2004年（民93年）9月

定價 / 220元

簡潔的文字

形象的插圖

讓你輕鬆成為園藝高手

專家的指點

成功的體驗

讓你快樂享受種植樂趣

導讀

DaoDu

是的，我很成功，但只是在我工作的領域。繁忙之餘，我喜歡養花，但絕對是一個外行。我希望養花也能成功，但勿需太多的時間。渴望能夠得到專業人士的指點！

Hi！我是花博士。這兒，濃縮了我多年積攢的養花招術。只要你走進來，花上三五分鐘，我會用最簡潔的語言（文）、最直觀的操作（圖），讓你一目瞭然，一學就會。絕對超值呵！

圖例

日照

施肥

溫度

修剪

澆水

花期

分株

綠色音符 觀葉植物

L U S E Y I N F U . E G U A N Y E Z H I W U

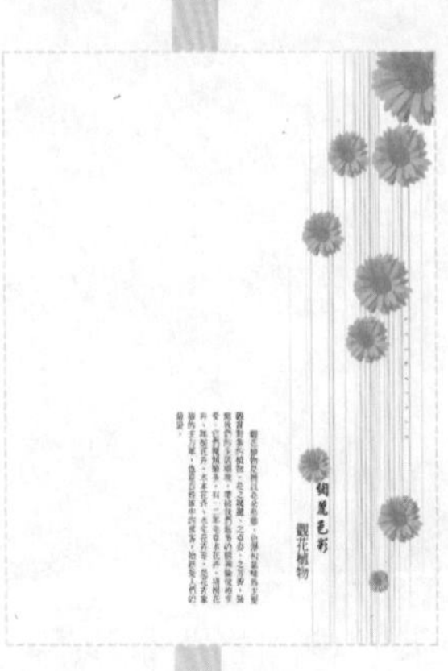

沙漠情趣 多漿植物

SHAMOQINGQU.EDUOJIANGZHIWU

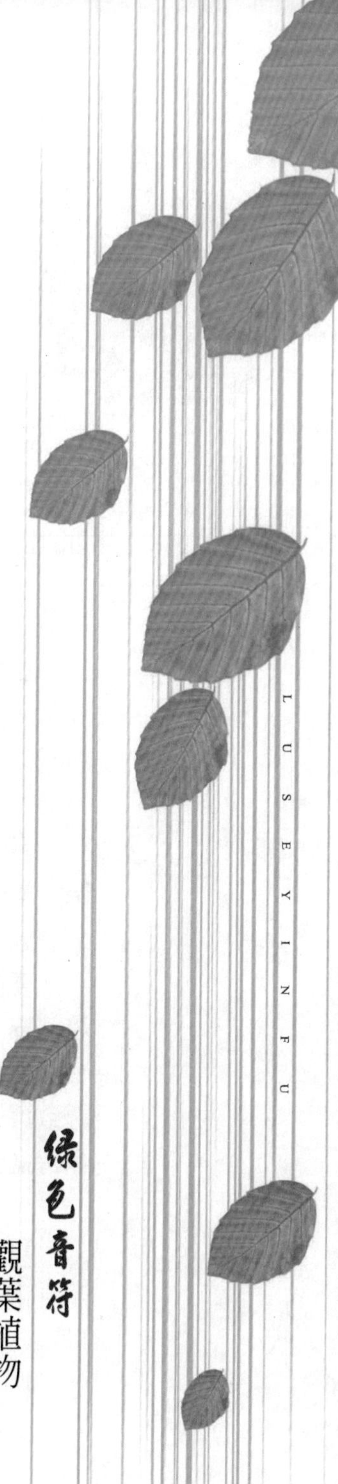

綠色音符

觀葉植物

凡葉片的形狀、色彩和質感具有觀賞價值的植物稱為觀葉植物。多數原產於熱帶和亞熱帶茂密的森林中，具有較耐陰和生長粗放、易管理等特點，十分適合室內種養，是大多數家庭裝點居室、增添綠意的首選。

波斯頓蕨

BoSiDunJue

又名：玉羊齒　皺葉腎蕨

四季均不宜受陽光直射，在明亮的漫射光下生長良好，強光直射葉片極易黃化，但過陰則羽葉會凋落。

喜高溫，生長適溫20～30℃，亦較抗寒，冬季保持氣溫 5 ℃以上即可安全越冬。

要使植株葉色新鮮翠綠，應提供濕潤的生長環境。春、夏、秋三季要供應足夠的水分，並時常向葉面噴霧，以提高空氣濕度。土壤與空氣乾燥均易導致葉緣枯焦和羽葉脫落。冬季要適當控制澆水，保持盆土始終濕潤即可。澆水過多反而引起黃葉。

夏季生長最旺，每兩週追施 1 次液肥，但水肥不宜過濃、過勤，最好增加氮肥的施用量。

分株繁殖法

1 春、秋兩季結合換盆進行分株。

2 將植株倒盆後一分為二，重新上盆即可。

3 也可不倒盆，只將從盆中長出來的走莖剪下來上盆種植。

4 波斯頓蕨不能產生孢子，只能用分株方法進行繁殖。

腎 蕨
ShenJue

又名：蜈蚣草、圓羊齒

喜明亮的散射光，也耐較低的光照，可長時間在室內擺放。切忌強光直射，那怕短時間的直射或日曬 ，就會使葉片焦黃。

喜暖涼，生長適溫15~25℃，稍耐寒，冬季氣溫 0 ℃以上就可安全過冬。

盆土澆水要適量，土壤過乾過濕均會引起葉片泛黃，最好的方法是給葉面大量噴水，因為濕潤的環境條件對其生長最為有利。

生長期供應充分的水肥可使葉色濃綠、油亮，增強觀賞效果。

孢子繁殖法

1 葉片背面的孢子囊群變為褐色時，表明孢子成熟，可以剪下葉片 。

2 將葉片放在紙片上陰乾1週，然後刮下孢子。

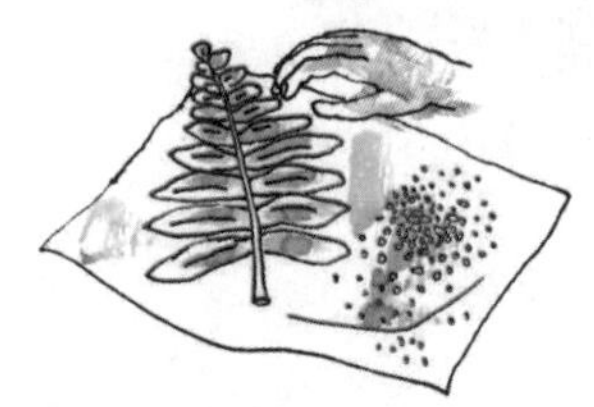

3 將泥土與素砂按2 ： 1混合過篩，經沸水消毒後裝盆。

4 將孢子與面砂土充分混合，然後撒播在盆土表面。

5 用盆底浸水法，上面加玻璃蓋保濕。

6 約40~50天長出配子體，18個月能長成大苗。

鹿角蕨

LuJiaoJue

又名：蝙蝠蕨、鹿角羊齒

不需直射光，以明亮的散射光最為適宜，最好放於樹陰下或蔭棚中培養。

喜高溫環境，在33~35℃的環境中亦能生長良好，但高溫季節要求的空氣濕度也大。冬季要在8℃以上才能安全越冬。為了提高其抗寒能力，可以適當保持空氣乾燥。

澆水很簡便，最簡單的澆水方法是每週把整株放在水中浸泡1~2次即可，但給葉面噴水很重要，需每天給葉面噴水，保持空氣潮濕是確保其生長旺盛的關鍵。

需肥不多，生長旺季，給葉面噴施0.2%的尿素和磷酸二氧鉀水溶液就足夠了。

種植的方法

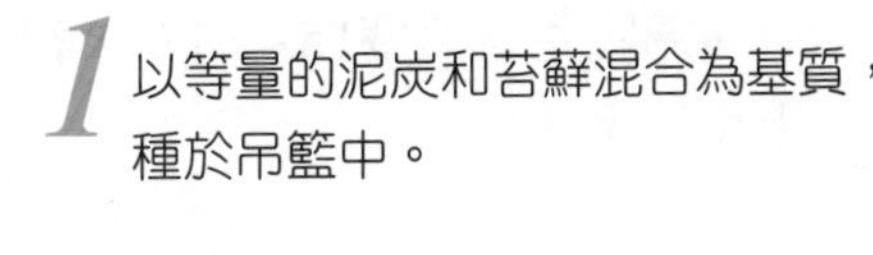

1 以等量的泥炭和苔蘚混合為基質，種於吊籃中。

2 也可以綁在蛇木板或樹幹段上，每週要將整株放在水中浸泡1~2次。

鳳尾蕨

FengWeiJue

又名：井邊草

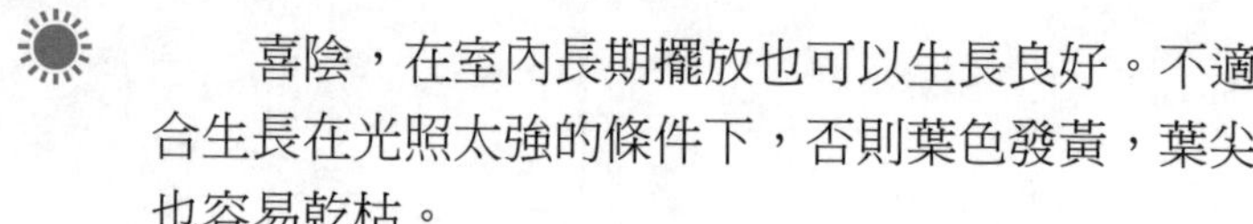

喜陰，在室內長期擺放也可以生長良好。不適合生長在光照太強的條件下，否則葉色發黃，葉尖也容易乾枯。

適宜生長溫度15~25℃，稍耐寒，室溫 3 ℃以上可以過冬。

在陰濕條件下生長最佳，充分澆水和噴水是養好鳳尾蕨的先決條件。

需肥不多，每半月補充 1 次稀薄的液態肥即可。

小 貼 士

結孢子的葉片會逐漸老化，要及時從基部剪掉，讓其重新不斷冒出新的葉片，保持植株旺盛的生長狀態。

孢子繁殖法

1 翻開葉片，發現葉背孢子變為棕色，即表明孢子成熟，連同葉片一起剪下來。

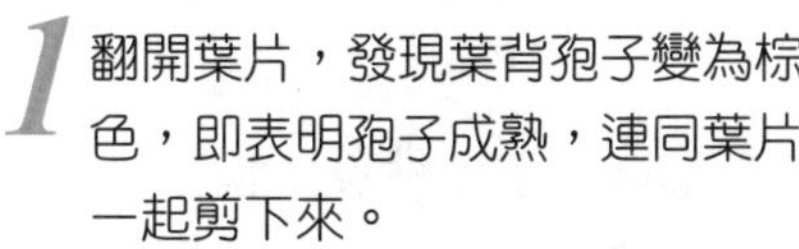

2 放在陰涼處風乾，然後刮下孢子到白紙上。

3 將孢子均勻播在準備好的盆土中，不用覆土，只是在盆口蓋上一塊玻璃保潮。

4 在盆底放置一個水盤，保持盤中始終有水。

5 大約 2 個月可以萌生幼株，分栽上盆即可。

天門冬
TianMenDong

又名：天冬草、武竹

怕強光直射，經烈日暴曬後，莖葉枯黃。也不耐強陰，長期放置過陰處同樣會黃葉、掉葉，最好是放在半日照的環境中養護。早春和秋末，在陽光不太強烈的季節，可將其放在室外接受光照。

喜溫暖，稍耐寒，冬季 3℃以上就能安全越冬。不耐高溫，氣溫超過35℃葉片易黃化。

天門冬為肉質根，怕水澇，澆水要見乾見濕，長期盆土過濕會導致黃葉與爛根，尤其在冬季低溫期間要特別注意。

種植前在盆土中施基肥，每年5~6月要追施水肥，一般每10天施肥 1 次。為使枝葉茂盛，可適當多施些氮肥。

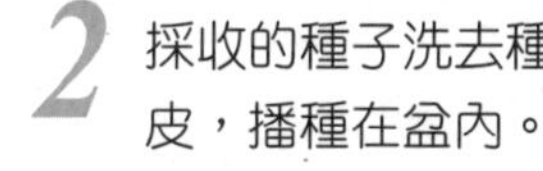

播種繁殖法

1 種子由綠變紅後可以採收。

2 採收的種子洗去種皮，播種在盆內。

3 覆蓋 1 公分厚土。

4 在15~20℃條件下保濕，15天後發芽。

5 50天以後幼苗長到 3~6 公分，即可分栽。

文竹

WenZhu

又名：雲中竹、刺天冬、蘆筍山草

在散射光條件下生長良好，秋末和冬季應靠近南窗擺放，多在陽光下養護，但春、夏季要嚴防陽光直曬，否則會造成葉尖乾、焦。

喜溫暖，不耐寒，怕酷熱。越冬室溫保持在10℃以上為宜，低於 3 ℃會受凍害。發生凍害後只要根基未爛，可在春暖後剪去地上枯死的莖葉，逐漸澆水，植株還會從根莖處萌發新的小株。夏季超過35℃植株生長停止，宜放在陰涼通風處養護。

澆水要適量，需始終保持盆土濕潤而不積水，盆土乾旱或過於潮濕，均會導致葉片發黃甚至根系死亡。冬季低溫應減少澆水，防止因根腐爛而整株死亡。

生長旺盛期，每兩週追施 1 次稀薄液肥，肥水不要沾染葉幹。夏季氣溫高和冬季氣溫低時及開花結果時應停止追肥。每隔一年的晚春即將發芽時換一次盆，換盆時間不宜提早。

如果過冬的植株枝葉老化或長得太高，可以在5月進行重剪，即將地上部分全部剪掉，放在陰處，保持盆土微潮，約20天後會從根莖處重新抽生新的枝條，這樣得到的新枝將長勢旺盛。

播種繁殖的方法

1 種子由綠變黑時表明種子成熟可以採收。

2 用清水搓洗去掉果皮。

3 播於盆中，覆蓋一層薄土，以看不見種子為度。

4 在氣溫20℃左右條件下，約30天出苗。

豆瓣綠
DouBanlu

又名：椒草

耐陰性強，在半陰處生長最佳，是理想的室內觀葉植物，切忌暴露在陽光下。

生長適溫20~30℃，對低溫和高溫的適應性差，冬季不可低於10℃，夏季不可高於32℃，否則管理稍不善會導致整株死亡。

葉插繁殖法

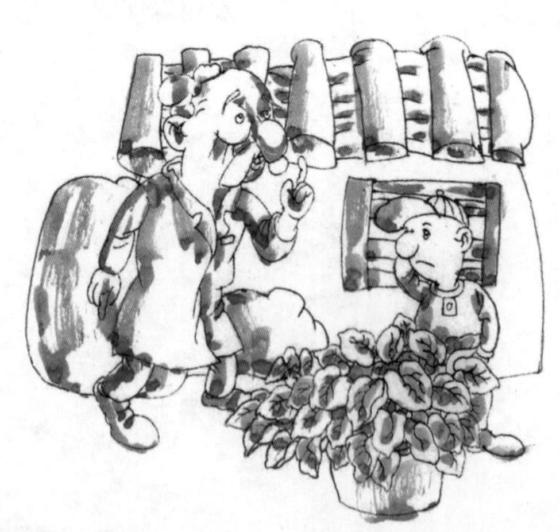

1 在20~25℃條件下進行，溫度太低或太高都不合適。

澆水是養好豆瓣綠的關鍵，一定要適時適量。春、秋兩季氣溫溫和，正是生長時期，可稍多澆水，但盆土切忌積水，並增加空氣濕度。夏冬季要嚴格控制澆水，以少澆為妙，盆土過濕容易引起莖葉腐爛。

生長健壯，施肥宜少不宜多，並在春秋兩季進行，一般施低濃度水肥，但注意不要將肥水澆淋在莖葉上。

2 帶柄切下成熟葉片。

4 保持潮濕，最好用一玻璃瓶半罩住葉片。大約40天後在葉片基部萌生出幼株。

3 將葉柄插入砂土中，葉片緊貼土面。

網紋草

WangWenCao

又名：菲通尼亞草、小白菜

不宜放置室外曬太陽，應選擇沒有直射光的明亮場所種養。光線太強，植株矮小，生長緩慢，葉片捲縮，色澤暗淡無光。

怕熱又怕冷，夏季和冬季養護都要倍加小心，稍有不慎就會腐莖爛葉，因此，冬季一定要放在13℃以上室內過冬，夏季要放在通風涼爽處，最好氣溫不要超過30℃。

澆水要隨季節變化而調整，春、秋兩季比較適合生長，可以多澆水和噴水，保持盆土和空氣潮濕有利於其生長。冬、夏兩季生長不旺，不宜多澆水，否則容易導致根莖腐爛。

春、秋兩季每月施1次肥水，濃度不要太高。夏、冬季最好不要施肥。

往往過冬以後，植株葉片多數脫落，枝幹光禿而不好看，這時可以每枝留3~4節回剪，讓枝條基部重新萌芽生長，不久就又會長出滿滿一盆新鮮旺盛的枝葉。

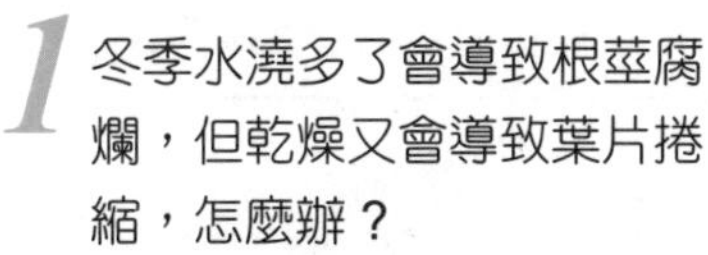

澆水要訣

1 冬季水澆多了會導致根莖腐爛，但乾燥又會導致葉片捲縮，怎麼辦？

2 最好的辦法是：少往盆中澆水，讓盆土保持稍乾，而多給葉面噴水，以增加空氣濕度，或用塑料袋將植株罩起來，這樣既保溫又保潮。

鴨趾草

YaZhiCao

又名：水竹草

喜半陰，耐陰性良好，適合長期在室內種養，但在過陰暗處養護的植株節間長，葉色較淡，觀賞效果欠佳。怕陽光暴曬，春、夏、秋季需在疏陰下養護。

喜涼爽通風環境，適宜溫度為15~25℃。較耐寒，冬季室內最好保持在 6 ℃以上比較安全。

在陰濕處生長最旺，因此澆水必須充分，甚至可直接水養。夏季高溫要加強通風，悶熱潮濕處生長會引起莖葉枯黃；室內空氣乾燥，葉片會出現「乾尖」，應立即給植株噴水。

生長迅速，若選用肥沃土壤種植，後期就不必再追肥。如果盆土不夠肥沃，也可在植株莖蔓鋪滿花盆前追施幾次追肥，施肥時要少用氮肥 。

養護要訣

2 扦插繁殖。

1 新莖長到一定長度要及時摘心，促進多分枝。

4 冬季少澆水，寧乾勿濕，遇冷濕會導致莖葉腐爛。

3 可以直接採幾枝養在水瓶中，能長時間觀賞。

吊　蘭

DiaoLan

又名：釣蘭、掛蘭

在明亮光線的環境中生長最適宜。暴曬或過陰均對其生長不利，因此，放置在室內光亮處養殖最佳。

生長適溫20℃左右，冬季不可低於 5 ℃，在溫暖季節生長尤其旺盛，在低溫季節生長遲緩。

怕乾旱乾燥，秋、冬兩季植株出現葉片「乾尖」現象多因乾燥引起，因此澆水要充足，傍晚應多給植株葉面噴水。冬季低溫要減少澆水量，防止過濕爛根。中午氣溫高時，用與室溫接近的清水噴洗葉片 。

對肥料的吸收力很強，春秋生長旺季多供水肥，施肥最好結合澆水進行，多施濃肥，肥水不要澆淋在葉叢中。

葉片枯黃的原因

■盆土積水會產生黃葉。■空氣乾燥葉片會枯尖。■光照太強或太弱都導致葉片枯尖。

走莖繁殖法

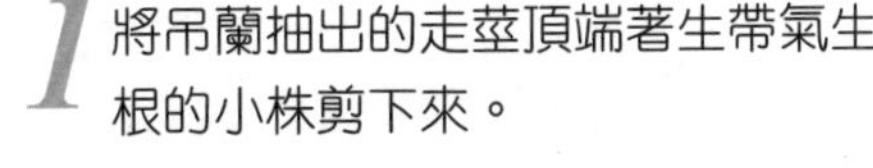

1 將吊蘭抽出的走莖頂端著生帶氣生根的小株剪下來。

2 重新上盆種植。

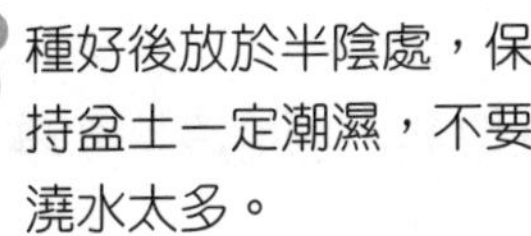

3 種好後放於半陰處，保持盆土一定潮濕，不要澆水太多。

4 等植株紮根並恢復生長後再正常澆水、施肥。

紫鵝絨
ZiERong

又名：紫絨七、爪哇七

喜半陰。怕強烈陽光直射，光照太強葉片會枯萎脫落。也怕光照太弱，光照弱則葉色不夠紫而會逐漸退變為淡綠色。

喜溫暖，既怕熱，也怕冷。冬季和夏季生長勢都比較弱。

春、秋兩季要多澆水，經常保持盆土濕潤。但冬、夏兩季要控制澆水，如果水澆多了，盆土久濕不乾 ，根莖容易腐爛。

春、秋兩季每半月澆 1 次肥水，澆水時切忌將肥水沾染在有絨毛的葉片上，否則葉片易腐爛。冬、夏兩季因生長慢不能施肥。

養護要訣

1 種養場所光線不能太弱，否則葉色變淡。

2 冬夏兩季控制澆水，以免盆土過濕而導致爛根。

4 不要把水噴灑在葉片上，因葉面有絨毛，沾水後易留下水漬斑。

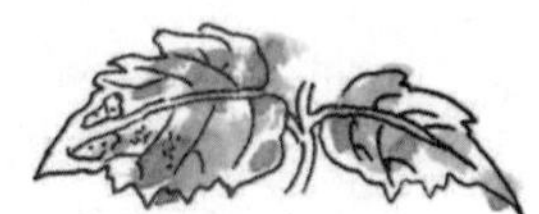

3 枝條生長較快，基部老葉老化退色或脫落而影響觀賞。一般每年4月將老化或過長的枝條剪掉，以促進萌發新枝條。

常春藤
ChangChunTeng

又名：洋常春藤、美國常春藤

在半日照環境中生長最為適宜，也耐陰，夏季直射陽光會造成葉片灼傷。

喜溫涼，生長適溫15~25℃，比較耐寒，冬季能忍受0~5℃低溫，如果因氣溫低而落葉，只要莖蔓沒有受凍，來年春暖後進行一次強修剪，莖蔓下部的休眠芽可萌發而抽出新的莖蔓。不耐酷熱，氣溫35℃以上生長停止，葉片開始發黃。

春、秋兩季生長迅速，要多澆水，冬季低溫和夏季高溫澆水不宜過多。盆土要見乾見濕，否則易引起爛根，遇天氣乾燥要給葉面噴水，在潮濕條件下，葉片才顯光澤和生機。

種植培養土可混合少量基肥，生長旺盛期每半月追施 1 次液肥，夏冬季生長緩慢或停止，可不施肥。

扦插繁殖法

1 扦插在春、秋兩季進行。

2 剪取2~3節的莖枝。

3 先端留2片葉，去掉多餘葉片。

4 扦插後保濕，在半陰環境下，約20天即可發根。

綠 蘿

LuLuo

又名：黃金葛

在部分蔽陰下生長最佳。怕強光直射，不能將植株放置烈日下暴曬，否則會嚴重灼傷葉片。較耐陰，但長期生長在過陰的地方，葉片上的金黃色斑紋會逐漸變少變綠。

溫度越高，植株生長越旺盛，對低溫比較敏感，如遇長時間10℃以下低溫，植株生長停止，出現黃葉、落葉或莖腐等寒害現象，因此，冬季越冬要特別注意保暖。

喜水濕，在春、夏、秋三季要充分澆水，並經常用清水噴灑植株的莖葉，不僅使氣生根能充分吸收到水分，並增加空氣濕度，可保持葉片清潔光亮。如果遇乾燥，植株下部葉片易脫落而影響美觀。因氣生根多，可以剪上幾枝直接插在玻璃瓶中長期水養。

春、夏、秋三季可按月追施液肥，用復合肥水溶液按0.1%~0.2%的濃度噴施葉面，效果更佳。

綠蘿的造型

2 吊盆種植

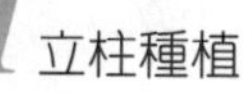

1 立柱種植

3 水養

觀葉秋海棠

GuanYe QiuHaiTang

又名：觀葉海棠、蟆葉秋海棠

在明亮的散射光或半遮陰環境栽培最適。夏季應遮光70%，春季50%，冬季30%，如果受陽光直射，葉片容易變黃。

生長適溫20~25℃，冬季 8 ℃以下易受凍害，夏季超過32℃生長緩慢並開始脫葉。

春、秋季生長旺盛時要每天澆水，保持盆土濕潤，夏、冬季需節制澆水，防止高溫潮濕或冷濕引起植株莖葉腐爛。四季均需保持較高的空氣濕度，可向植株周圍噴水，但不要直接淋灑在葉片上，以免引起爛葉。如果空氣乾燥，葉緣發黃並焦邊。

春秋為旺盛生長期，每半月施 1 次稀薄肥水，不宜施濃肥，施肥時切勿將肥液濺到葉片上。夏季高溫和冬季不需施肥。

葉插繁植法

1 切取老熟的葉片。

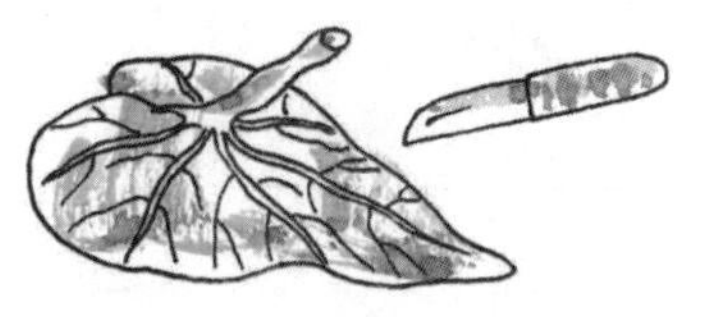

2 用刀片在葉背面的粗壯主脈上刻傷，深達葉脈1 / 2 。

3 將葉面朝上，葉背緊貼濕砂上，葉柄插入砂中。

4 蓋上玻璃（稍留一間隙透氣），在20~26℃下，40天左右可見葉脈切口處長出小的植株。

合果芋

HeGuoYu

又名：白蝴蝶、長柄合果芋

喜半陰環境，在室內靠窗口的位置，可以長久陳設。雖耐陰，但長期置於過於陰暗處，植株莖乾細長 ，葉片弱小，株形欠佳。

在溫暖、高溫條件下生長茂盛，最適生長溫度25～30℃，冬季15℃以下停止生長，低於10℃葉片開始發黃，低於 8 ℃葉片脫落，低於 5 ℃連莖幹也會凍死 。

春、夏、秋三季澆水寧多勿少，並注意多向葉面噴水，以保持較高的空氣濕度，這對合果芋的生長十分有利。

北方地區生長季節，每兩週澆 1 次肥水，冬季停止施肥，華南地區周年可以施肥，對於斑葉品種要少施含氮的肥料（尿素）。

1 合果芋十分適合水養。

2 隨意插幾枝，插在有水的容器中。

3 約 2 週後可在水中生根，平時每週換 1 次水即可。

花葉芋
HuaYeYu

又名：彩葉芋、兩色芋

在疏陰環境下生長良好，既不能有陽光暴曬，也不能過於陰蔽，暴曬會灼傷葉面，光線太弱又會使葉片生長細弱而易倒伏，並失去艷麗的色彩。

喜高溫，生長適溫20~28℃。不耐寒，冬季地上部分倒苗，地下塊莖需在14℃以上才能安全越冬，翌年氣溫回升18℃以上塊莖重抽出新葉。氣溫太高也阻礙其生長，夏季應防暑降溫。

彩葉芋生長周期變化明顯，澆水要隨季節變化而靈活掌握。春季塊莖萌芽前，要嚴格控制澆水，盆土過濕會造成塊莖腐爛。塊莖萌芽到抽葉，生長逐漸旺盛，應增加澆水量，展葉後，一定要充分澆水，保持盆土濕潤和較高的空氣濕度。入秋後葉色退淡，要逐漸減少澆水，直至落葉進入休眠，這時保持盆土半乾半濕狀態過冬。

新葉展開後進行追肥，每兩週追施 1 次液肥，夏季停止施肥，秋季可適當追肥。在葉片開始萎黃到冬季休眠期間，嚴禁施肥。施肥時氮肥不宜過多，否則造成植株徒長而倒伏。

分塊莖繁殖

1 於 5 月將越冬的塊莖脫盆。脫盆時間不宜過早，在塊莖開始露芽時進行，否則塊莖易腐爛。

2 將塊莖逐個掰開，放在室內晾2~3天，然後上盆種植。

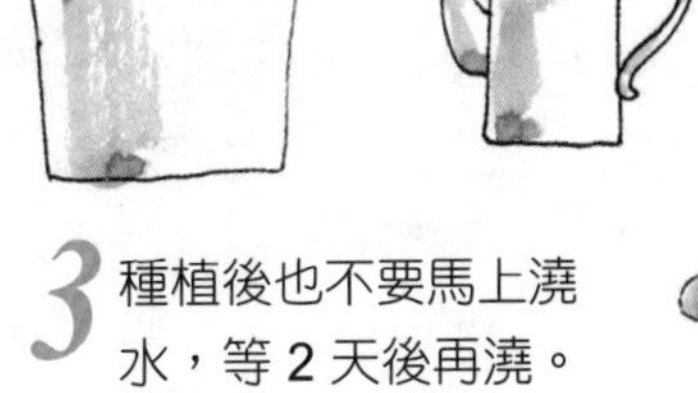

3 種植後也不要馬上澆水，等 2 天後再澆。

竹芋

ZhuYu

最忌陽光直曬，短時間陽光暴曬就能造成嚴重的日灼病，光線稍強立即會出現葉片捲縮、變黃。

生長適溫18~26℃，溫度過高或過低都影響正常生長。冬季越冬應在10℃以上，植株受寒害應在春暖後剪去枯葉，保留根莖部分，讓其基部重新發生新芽。

防止葉片捲枯的方法

1 空氣乾燥葉片會捲曲，葉緣枯焦。

溫暖多濕最利於生長，生長期一定要給予充足水分和空氣濕度，尤其在高溫乾旱節季，葉尖及葉面極易出現焦狀捲葉，但在加大澆水量的同時，一定要保持盆土透水性好，不然盆土過濕極易引起「水黃」現象。冬季低溫，植株處於半體眠狀態，讓盆土稍乾為好，過濕易爛根。冬季室內空氣比較乾燥，可用塑料膜罩起，或放在玻璃箱中，這樣既保溫又提高空氣濕度，對植株越冬十分有利。

生長季節每月追施 2 次液肥，以磷、鉀肥為主，用0.2%的磷酸二氫鉀水溶液直接噴灑葉面，對新芽萌發和生長極為有利，缺肥植株明顯矮小，葉色淡黃而缺乏金屬光澤。

分株繁殖要在春末夏初進行，氣溫低於15℃分株不易成功。分出的子株至少要保留 5 片葉。

2 經常噴水，或用塑料袋罩起來，或放在玻璃箱中養護。

富貴竹

FuGuiZhu

又名：萬年竹、綠葉竹蕉

夏季要嚴防陽光直射，否則會灼傷葉片，冬季可多見陽光，春、秋兩季最適合生長在半陰的環境中。光照太強或太弱都會導致葉片暗淡、黃化、無光澤 。

喜溫暖，不耐寒，氣溫低於10℃葉片就會發黃枯萎 ，如果再澆水偏多，很容易導致爛根。

喜濕潤，生長期間要充分澆水，必須保證盆土濕潤才能生長茂盛。夏季還需多給葉片噴水，如果空氣乾燥必定會導致葉尖乾枯。冬季盆土不能太濕，否則會產生黃葉，甚至爛根死亡。

需肥量不大，全年只需追施 3~4 次肥水就能生長良好。

1 將枝幹剪下來，去掉基部葉片後，直接插於水瓶中。

2 每 3 天換 1 次清水。

3 約半個月莖幹基部就會在水中長出根系。

萬年青

WanNianQing

又名：廣東萬年青

喜半陰，避免陽光直射，否則容易造成葉片焦邊甚至枯黃，影響觀賞。對於斑葉萬年青，則應放置在明亮處培養，過於陰暗會使葉片的斑塊色彩變得暗淡。

喜溫暖，冬季將花盆移入室內，放在直射陽光下護養，保持室溫在 8 ℃以上，低於 8 ℃會使葉片脫落 ，根莖腐爛。

喜濕潤，充分澆水才能生長旺盛，但盆土要排水良好，否則積水易導致黃葉爛根，尤其在冬季，空氣潮濕對其生長最為有利，如果乾燥易發生葉片「乾尖」，故應多向葉片噴水。

春、秋兩季每隔半月追施 1 次稀薄肥，宜多施氮肥和鉀肥。

扦插繁殖法

1 將莖幹切成3~5公分長一段。

2 稍晾乾傷口後斜插入砂土中。

3 保持盆土濕潤，在25℃左右，20天即可生根。

白掌

BaiZhang

又名：白鶴芋、銀苞芋

宜在室內中等亮度或室外半遮陽環境下生長，夏季不要放置在南面的陽臺上暴曬，以免灼傷葉片。冬季多接受日照，若長期光照不足會影響開花。

喜高溫，生長適溫20~30℃，有一定抗寒能力，冬季在8℃以上就可以安全過冬，即使遇到輕微凍害，只要在春季抽葉時將老葉剪去，加強肥水管理，也會重新長出繁茂的新葉。

春夏季多澆水並經常給葉面噴水，保持盆土和空氣潮濕，對生長十分有利。冬季低溫要少澆水，但在有暖氣和空氣乾燥的環境下要經常噴霧以增加空氣濕度。過於乾燥會造成葉片變小而發黃。

初夏和初秋生長最為旺盛，此時每半月追施1次液肥，多施磷鉀肥，以促使開花，葉色也會更加碧綠。

1 早春新芽長出之前進行。

2 在株叢基部將根莖分切開，每叢有 3 個以上的芽。

3 將根系剪掉一部分，然後上盆栽種即可。

一葉蘭

YiYeLan

又名：蜘蛛抱蛋

對光照適應性強，既可接受全日照，也可長期種植於陰蔽的條件下，但在半日照下其生長狀況最佳。

喜溫暖，較耐低溫，在 0 ℃左右的氣溫條件下可露地過冬。

澆水要充足，需要長期保持盆土濕潤，夏季每天早、晚給葉片噴水。提供陰濕條件可以促進葉片的茂盛和色澤亮麗。

耐瘠薄，種植前在盆土中施入基肥，並於夏季結合澆水，每隔15天追施稀肥 1 次。

一葉蘭開花不容易發現，因為它通常在貼近地面的部位開花。

分株繁殖法

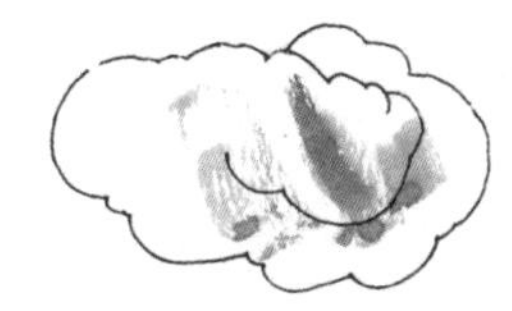

1 分株在春、秋兩季進行。

2 脫盆後按每叢3~4枝分切。

3 上盆後放在陰處養護一段時間，保持盆土不乾不濕。

橡皮樹
XiangPiShu

又名：印度橡皮樹、印度榕

喜光照充足，也耐半陰，但在室內不可長時間擺放，一般一個月左右要更換到室外陽光下養護一段時間，不然植株長勢漸弱，葉片變小且無光澤。

生長適溫22~32℃，在華南地區可露地栽培，長江流域及以北地區，冬季需採取保暖措施，維持越冬溫度 8 ℃以上，若低於 8 ℃，會發生脫葉和頂芽枯黑現象。

澆水要均衡，春夏秋三季保持盆土濕潤，不能受旱失水，否則會掉葉。冬季氣溫較低，要控制澆水，一般3~4天澆 1 次水，保持盆土略乾為宜。長期低溫和盆土潮濕易發生爛根。

摘　心

幼苗長到20公分高時，摘心去頂，促發分枝。側枝再摘心數次，可以形成飽滿的樹冠。如果不摘心，植株會長得又瘦又高。

生長較快，喜肥，5~8月生長旺盛期，每15天追施1次液肥。春季換盆時，施足基肥。

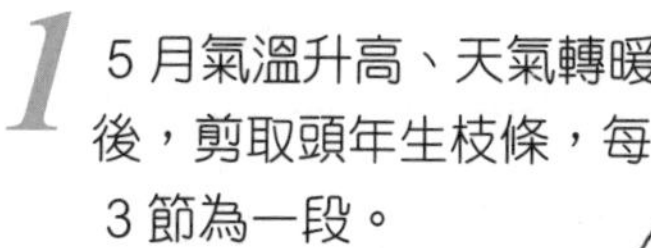

1 5月氣溫升高、天氣轉暖後，剪取頭年生枝條，每3節為一段。

2 去掉下部葉片，留上部兩葉片，用細繩將葉片捲合綁起來再扦插。

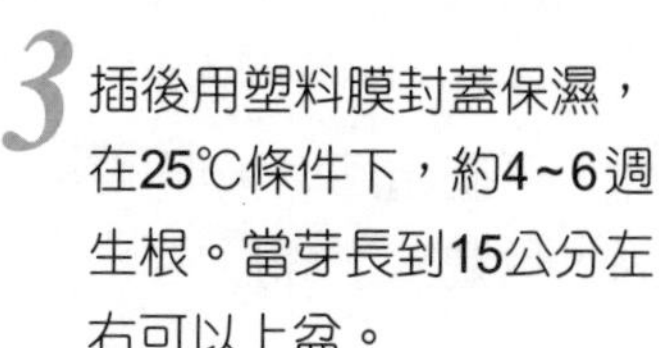

3 插後用塑料膜封蓋保濕，在25℃條件下，約4~6週生根。當芽長到15公分左右可以上盆。

朱蕉

ZhuJiao

又名：鐵樹、紅鐵

耐陰性強，但在半陰處生長最為適宜，斑葉品種，耐陰性稍差，不適合長期放量陰暗處，否則色彩不夠鮮豔。

喜溫暖，不耐寒，需入溫室越冬，夜間室溫應高於10℃。

除冬季少澆水外，其他季節應多澆水，尤其在夏季炎熱時，每天應增加噴水次數，以提供較高的空氣濕度。

需肥量不大，種植前在盆底施一些基肥，生長期間每月追施 1 次即可。宜注意保持養分的均衡，過多施氮肥，對於斑葉品種顯色不利。

春季對於多年生杆高的老株，可攔頭回剪，促其萌生分枝，這樣既矮化了株高，也豐富了株形。

埋幹法繁殖

2 橫埋在砂土中，稍露出。

1 剪取長5~10公分成熟枝幹，去掉全部葉片。

3 放於陰處，保濕，約20天後可生根抽芽。

小貼士

朱蕉與龍血樹的株形和葉形都十分相似，常被混淆，若切開根部則很容易區分，龍血樹的根呈黃色，而朱蕉的根為白色。

酒瓶蘭
JiuPingLan

又名：象腿樹

除夏季要遮陽外，其他時間盡量選擇在日照充足的地方種養。雖然有一定的耐陰能力，但長期擺放在陰暗的條件下，因光照不足而造成葉片細長打折、不夠堅挺。

對溫度適應能力強，冬季在 0℃以上就可以過冬，夏季高溫也無大礙。

養護要訣

1 種植以莖基部稍埋入土即可，不可太深。

比較耐乾旱，澆水不宜過多，水澆多了生長太快反而不利於莖基部膨大。冬季低溫更應保持盆土適度乾燥。

在生長旺盛的春、夏、秋三季中，每半月施 1 次復合肥 ，尤其要注意多施鉀肥以促進莖幹基部膨大。

2 多施鉀肥，促進莖基部膨大。

3 過一段時間要將莖幹底部老的葉片去掉，才能保證莖幹粗壯。否則，莖幹會越長越細。

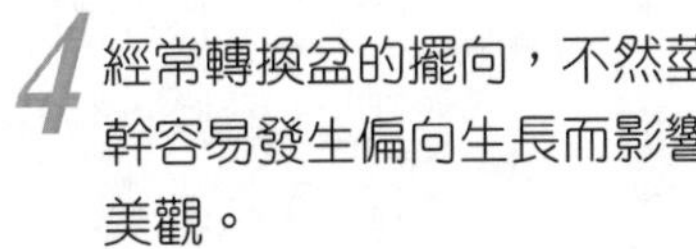

4 經常轉換盆的擺向，不然莖幹容易發生偏向生長而影響美觀。

巴西木

BaXiMu

又名：龍血樹、巴西鐵

在沒有陽光直射、但光線明亮的地方生長最適宜。陽光直接照射會灼傷葉片，而光線太弱，葉片的彩斑條紋會逐漸退變成綠色。

生長適溫為18~26℃。冬季低於13℃則植株休眠，低於 7 ℃，葉尖和葉緣就會出現黃褐色斑。夏季高溫乾燥，葉片會枯邊和捲縮。

要生長旺盛必須保證充足的水分供應，尤其在夏季更不可缺水，並且需要經常給葉面噴水。但冬季氣溫低時澆水不宜太多，因為冷濕容易產生凍害。莖段頂部橫斷面要用蠟封口，防止水淋而導致莖幹枯腐。

生長期間每 2 週施 1 次水肥即可，冬季不能施肥。對於葉片帶條紋的品種不要多施氮肥，否則條紋會退色。

葉片枯黃和焦邊的原因

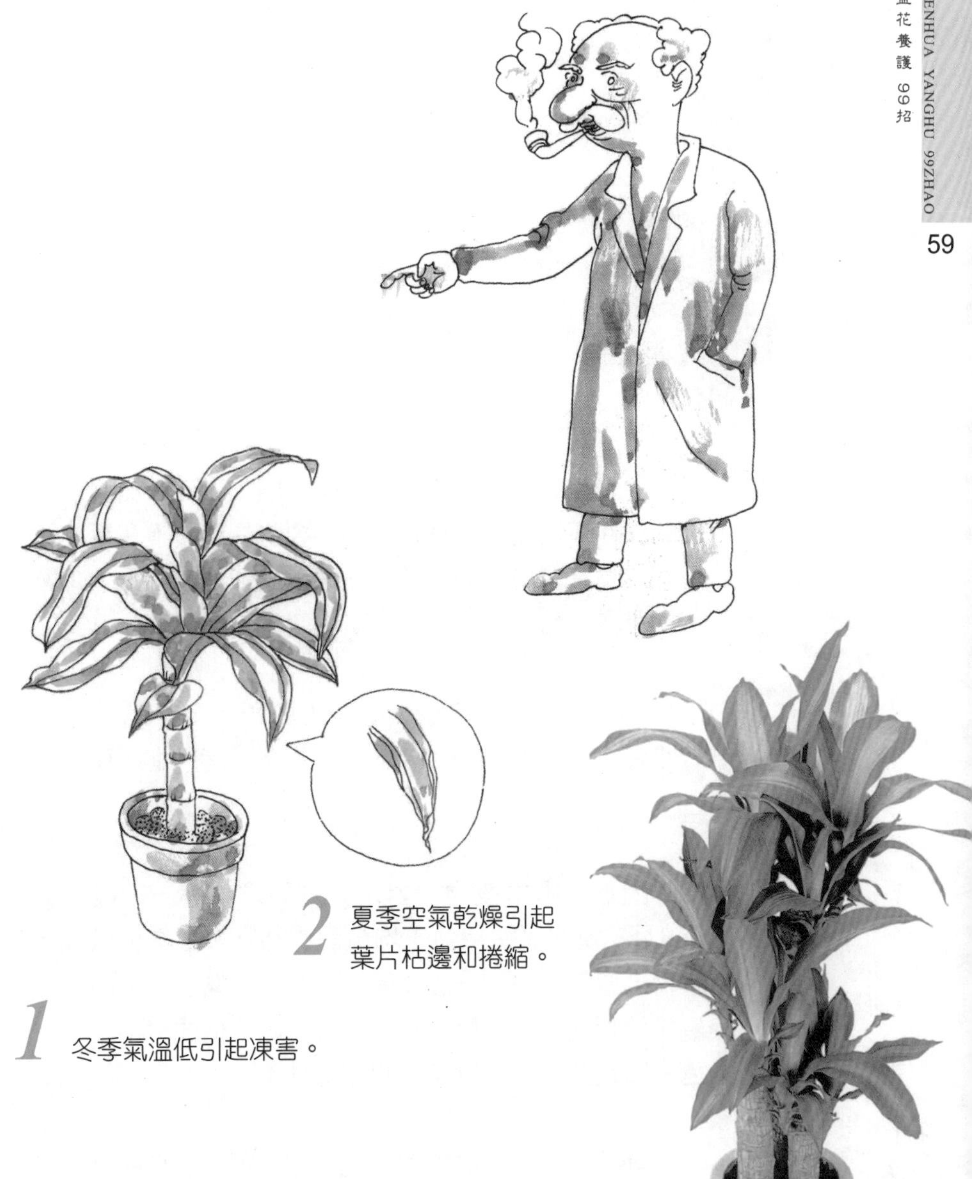

2 夏季空氣乾燥引起葉片枯邊和捲縮。

1 冬季氣溫低引起凍害。

發財樹
FaCaiShu

又名：馬拉巴栗、瓜栗

對光照的適應性很強，在全日照、半日照和陰蔽的條件下均能生長良好，但不要將長期養護在半日照或陰蔽環境下的植株，猛然置於強烈陽光下，這樣會導致灼傷葉片。

生長適溫22~32℃，耐寒力較差，冬季低於12℃會產生黃葉，10℃以下葉片逐漸脫落，進而死亡。

因為是木本植物，對水分的要求中等，一般6~9月多澆水，保持盆土均勻濕潤為宜。冬季可以讓盆土偏乾一些，一般 3 天澆 1 次就足夠了。室內經常給葉面噴水，對生長十分有好處。但注意不要過多噴在莖幹上，以免引起莖幹枯黃。

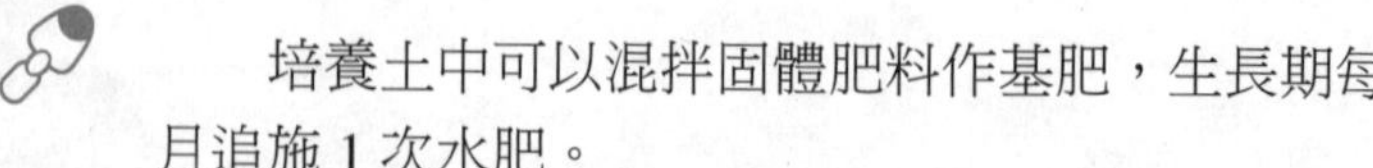

培養土中可以混拌固體肥料作基肥，生長期每月追施 1 次水肥。

養護要訣

1 長期在室內擺放的植株，不要忽然移到陽光下暴曬，不然很容易枯葉。

2 冬季澆水過多，盆土久濕不乾，會引起爛根而黃葉。

3 頂梢生長很快，對於過分突出生長的頂梢要及時剪掉，以維持株型和促進莖幹膨大。

鵝掌柴

EZhangChai

又名：小葉手樹、鴨腳木

喜半陰環境，夏季需遮光60%左右，冬季適當給予光照有利於植株生長，在明亮的室內可較長時間觀賞，但環境過於陰暗易引起莖葉長勢弱且葉片脫落 。

喜溫暖環境，冬季應保持溫度在 8 ℃以上，長時間低於 5 ℃，葉片會逐漸枯黃，繼而莖枝乾枯而死。

喜濕潤，不耐乾旱、乾燥，一旦盆土缺水會引起葉色退黃而大量脫落。葉片易沾灰塵，經常用水清洗葉片，既可起到清潔葉面作用，又可增大濕度，對其生長十分有好處。

根系發達，盆土中應多施基肥。生長季節，每半月追施 1 次液肥。

扦插繁殖法

2 插穗保留3~4節，至少帶一片葉。

1 5~6月選擇一年生枝條作插穗。

3 扦插後保持濕潤，4~6週後即可生根。

棕　竹

ZongZhu

又名：觀音竹、筋頭竹

耐陰性較強，可長時間在室內擺放，除冬季應接受光照外，其他季節應遮陽栽培，尤其是夏季遇強烈日曬後會造成葉片黃枯。

喜溫暖，較耐寒，冬季在不低於5℃的室內越冬。畏酷熱，若氣溫超過35℃，植株生長受阻，且易產生病蟲危害。

保持盆土濕潤，切勿受旱，5~9月旺盛生長期，除盆土澆水外，還需經常給葉片噴水，如盆土過乾，易使葉尖變乾枯。冬季應適當減少澆水，並在花盆底部墊磚架空，以免土壤冷濕而引起根腐。

種植前先施固體底肥，生長季節每月追施1次以氮肥為主的液肥，在液肥中加入少量硫酸亞鐵，會使葉色更加青翠。

分株繁殖法

1 分株應在早春新芽開始生長前進行。

2 從花盆中脫出植株，清除根際外圍的泥土，以3~4根莖桿為一小叢，將相連的橫生主根切斷。

3 上盆分栽，放陰處，澆透水，以後以噴水為主，只在盆土變乾了再澆水，如果澆水過多易爛根。當芽開始抽生後再正常管理。

散尾葵
SanWeiKui

喜半陰，光照太強或太弱都不好。最怕強光直射，容易使葉片黃化不夠濃綠，並且葉尖易枯焦。

喜溫暖，十分怕冷，冬季氣溫低於10℃以下會凍死。若冬季發現葉色變黃，即表明環境溫度過低，要注意防寒。

澆水要充足，但盆土要透水性好，如果積水易產生黃葉和爛根，尤其在冬季更應小心。平時多給葉面噴水，濕潤的空氣對其生長大有好處。

為控制植株高度，一般不宜多施肥，只在春、秋兩季各施 1 次肥即可。

因其根莖處的櫱芽生長比較靠上，在上盆種植時宜深栽，並且在種養一段時間後要給盆中補充一部分土，這樣有利於新芽更好紮根。

養護要訣

2 冬季怕凍，要求氣溫在10℃以上。

4 怕強光直射，不然葉片會黃化和枯尖。

1 冬季澆水過多，易爛根死亡。

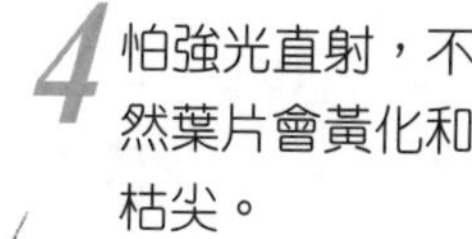

3 多噴水，濕潤的空氣對生長有利。

袖珍椰子

XiuZhenYeZi

又名：矮生椰子、袖珍棕

在半陰環境中生長最適宜，光照太強葉片會產生黃化和黑斑，光線太弱植株長得瘦弱。

生長適溫20~30℃，冬季低於13℃進入休眠，低於 5 ℃會產生寒害。

春、秋兩季要保持盆土濕潤，夏季還需葉面噴水，但冬季盆土要偏乾，以防止盆土過濕引起爛根。

需肥量不大，每年澆 3~4 次肥水即可。

養護要訣

1 冬季澆水過多易爛根。

2 及時剪掉莖幹基部的老化葉片。

3 每 2 年換盆 1 次，剪除糾結老根，促進生長。

4 光照太強，葉片黃化和產生黑斑。光照太弱，植株長得瘦弱不壯。

蘇　鐵

SuTie

又名：鐵樹、鳳尾蕉

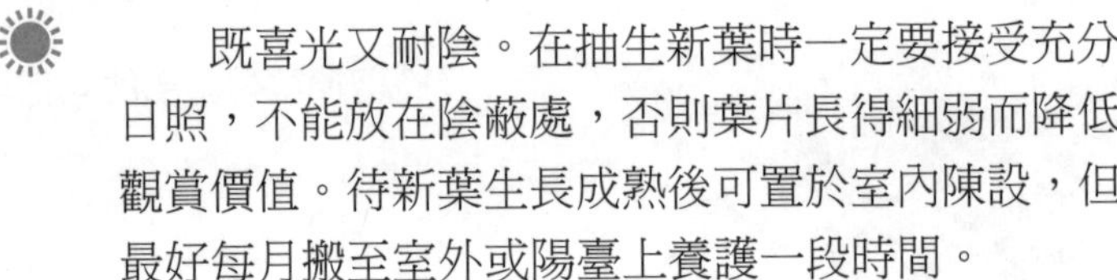

既喜光又耐陰。在抽生新葉時一定要接受充分日照，不能放在陰蔽處，否則葉片長得細弱而降低觀賞價值。待新葉生長成熟後可置於室內陳設，但最好每月搬至室外或陽臺上養護一段時間。

喜暖熱亦較耐寒。冬季氣溫保持在 0 ℃以上可安全越冬。生長適溫 20~35 ℃，華南地區可露地越冬，長江流域需稍加保護（打草圍）後露地越冬，而在華北地區要搬入室內越冬。露地種植可於初冬用稻草或塑料薄膜將莖葉自下而上包裹起來，到春暖時解開。

澆水要適中，做到盆土間乾間濕，盆土漬水會導致爛根和黃葉，而乾旱也會產生黃葉並影響新葉萌生。一般春夏季多澆，秋後逐漸減少澆水量，冬季應保持盆土微乾。

施有機肥效果好，在種植前盆土中施足有機肥料作基肥，生長季節每隔半月追施 1 次礬肥水（即用5千克餅肥、500克黑礬和50千克水混合腐熟後使用），或追施硫酸亞鐵水溶液，或在土壤中加些鐵屑（釘），以預防因缺鐵而產生黃葉。

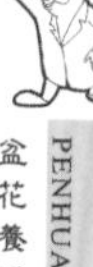

1 立夏時節，將蘇鐵幹莖上著生的芽掰下來。

2 半埋在砂土（砂 ： 土 = 1 ： 1）中，放在見光處。

3 保持盆土濕潤，在高溫高濕環境下大約 2 個月左右即可生根。

4 生根後倒扣一個花盆將吸芽罩住促葉，待葉片發出後再取走花盆。

南洋杉
NanYangShan

除夏季不宜暴曬外，其他季節光照越強越好。也耐半陰，但不能長期在照射不到一點陽光的地方擺放 ，否則株形散亂，葉片泛黃。

南洋杉生長適宜的溫度為15~32℃，不耐寒，冬季越冬溫度不能低於 7 ℃，若溫度低於 7 ℃植株易受凍害。

澆水應做到夏季多澆，冬季少澆，因為夏季盆土過乾或冬季盆土過濕均會引起下層葉片發黃和枝條軟垂。濕潤空氣對生長十分有利，所以平時應多給葉片噴水。

耐瘠薄，為了不讓南洋杉生長過快，在養護過程中往往不需要多施肥，每年僅施 2~3 次水肥就可以了。

養護要訣

1 每月將花盆轉換 1 次方向，避免植物長斜。

2 光照不足，植株長得又瘦又高，枝條鬆散下垂，且葉片發黃。

3 注意不要折斷樹幹的頂梢，否則破壞樹形，有礙觀賞。

變葉木
BianYeMu

又名：灑金榕

日照越充足，生長越旺盛，枝葉色彩也艷麗。雖耐一定陰，但室內陳設應選擇光亮處，若長期擺放在陰暗處，會造成葉色暗淡並掉葉。

典型熱帶樹種，耐寒力極差，冬季溫度不得低於15℃，不然有引起落葉甚至整株死亡的危險。若冬季受凍落葉後，如果枝條的芽還存活，可於春季氣溫回升後剪去枯死的枝梢，加強養護，仍可重新萌芽生長。

6~10月要保持盆土濕潤，夏季高溫季節，除充分澆水外，還要經常向枝葉噴水，冬季為提高抗寒能力，要節制澆水，以盆土稍濕為度。

肥足葉片才會大而豔，除基肥外，天氣溫暖時每半月追施 1 次復合肥水，不要單施氮肥（尿素），否則，葉片的彩斑不艷麗。

扦插繁殖法

1 夏季進行。宜選生長粗壯的頂端嫩枝，老枝不容易生根。

2 插條長 8~10公分，洗去切口白色乳液，稍晾乾。

3 插入砂土中，保持濕潤，在25℃條件下 3 週後可生根。

龜背竹

GuiBeiZhu

又名：蓬萊蕉、電線蘭

在半日照條件下生長最好，冬季可以給予全日照，夏季應遮陽，忌陽光直曬。耐陰性強，但長期生長在光照不足的條件下，葉柄細長，葉片變少，葉面不開裂。

生長適溫18~26℃，較耐寒，冬季在 5 ℃以上室內培養不會受凍。

喜水濕，怕乾燥，澆水宜多不宜少，並經常噴水清洗葉面和周圍環境，以保持空氣濕度，如果空氣乾燥會導致葉緣枯蕉，但冬季若氣溫很低，則適當控制澆水量，以提高植株的抗寒力 。

春、夏兩季每半月追施 1 次水肥，10月降溫後停止施肥，旺盛生長期，用0.2%的磷酸二氫鉀稀溶液噴施葉面 2~3次，能促進莖蔓堅實，葉片挺拔。

埋莖繁殖法

1 選取粗壯的莖幹。

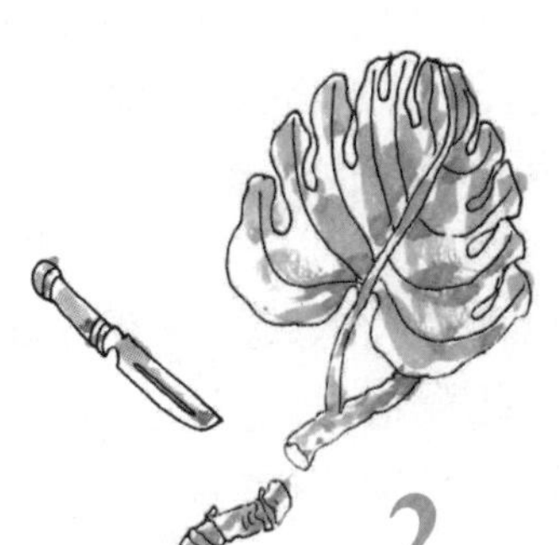

2 將莖幹按3節一段切開。

3 切好的莖段平臥半埋盆土中，保持盆土濕潤，約1個月後從莖節處生根發芽。

八角金盤

BajiaojinPan

又名：手樹、八金盤

耐陰性很強，可長年在明亮的居室內擺放。怕曬太陽，夏季即使是短時間暴曬葉片也會被灼傷。即使是春、秋兩季 ，長時間受太陽照射後，葉片也會發黃。

耐寒能力強，冬季能耐短時間0~5 ℃低溫，過冬氣溫維持 7 ℃以上能夠正常生長。畏酷熱，長時間的高溫，葉片會變薄變大，且容易下垂。

較耐濕，怕乾旱，盆土有充足的水分才能生長茂盛。多給葉面噴水，創造濕潤的空氣環境十分重要，如果空氣乾燥葉片邊緣會枯焦。

除冬季不施肥外，其他季節每月追施 1 次肥即可生長良好。

如果葉片不夠大，是因為光照強度不夠的緣故，應移到光照稍強的地方。

專業詞彙解釋

定植：是指花苗長到一定程度，需要種植到固定栽培花器中，或是花卉生長一段時間後需要由小花器移栽到更大花器的栽種過程。

徒長：由於花卉種養環境不理想，造成植株非正常生長，出現莖幹及枝條生長過快而又細又長的現象。

摘心：為達到控制花卉生長高度和花卉造型目的，把植株莖幹或枝條的頂部芽剪去，讓枝幹下部側重芽萌發的操作過程。

修剪：根據不同需要，剪去花卉老化或不需要的枝條或葉片的操作過程。

休眠：是指花卉按照自身生長發育規律，或是為度過不適合的環境條件而出現落葉、地上部分枯死等暫停生長的生命現象。

扦插：剪取花卉的枝條、葉片、根系等，處理後插入疏鬆、保水和透氣良好的基質或水中，經過一段時間培育，主其生根發芽形成幼苗的繁殖方式。

分株：將花卉根系周圍長出的新芽或幼株切取下來分栽培育的繁殖方式。

絢麗色彩

觀花植物

觀花植物是指以花朵形態、色澤和氣味為主要觀賞對象的植物。花之瑰麗、之卓姿、之芳香，裝點我們的生活環境，帶給我們最美的精神愉悅和享受。它們種類繁多，有一二年生草本花卉、宿根花卉、球根花卉、木本花卉、水生花卉等，是花卉家族的主力軍，也是百姓家中的常客，始終是人們的最愛。

梔子花
ZhiZiHua

又名：黃梔子、白蟾花

喜陽光充足，但在遮陽條件下也能生長良好。炎熱夏季最好放在半陰處養護。

較耐寒，能忍受-5℃的低溫，在長江流域及以南地區可以露地越冬，但在北方還是需經保護處理後過冬。

喜濕潤，有「澇不死的梔子，旱不死的茉莉」之說，一定要多澆水，保持盆土濕潤，並且多向葉面噴水。

要求土壤肥沃，除在盆土中施足基肥外，每年最好換盆土1次，以不斷補充養分。除冬季不施肥外，其他季節每半月追施1次肥水。在施肥過程中，如果加施0.2%硫酸亞鐵水溶液，對其生長開花大有益處 。

水插繁殖法

1 春末夏初，剪取10公分長的枝條，僅留頂部 2 片葉，除掉多餘葉片。

2 將插條基部削呈馬蹄形，然後把插條 1 / 3 部分插入盛水的玻璃瓶內，放在避光處，大約20多天就能長出新根。

葉片發黃的原因

■夏季暴曬，葉片容易發黃。應放在半陰條件下養護。■喜酸怕鹼，鹼性盆土（pH值超過6.5）葉片易發黃。應經常施0.2%的硫酸亞鐵水溶液，或在盆中拌入1~2克硫磺粉。

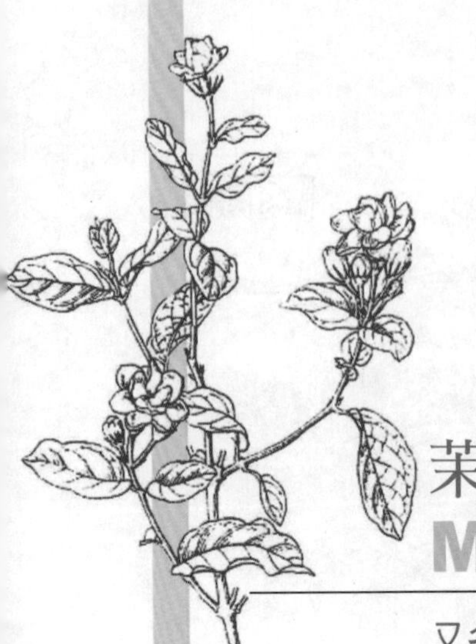

茉　莉
MoLi

又名：抹厲、茉莉花

喜光怕陰，光照充足，枝壯葉色濃，花多花香濃，光照不足則枝弱葉色淡，花少花香淡。

喜溫暖，不怕熱，稍怕寒。生長適溫25~35℃，冬季只要維持在 6 ℃以上就能安全越冬。

喜濕潤，怕積水。栽培用土一定要透水性好，否則盆土過濕會引起黃葉、掉蕾，甚至爛根死亡。經常給葉面噴水，或將花盆放在空氣濕度大的環境中，對生長開花有益。晚秋和冬季要減少澆水，盆土以偏乾為宜，以利越冬。

喜肥怕瘦，有「清蘭花，濁茉莉」之說，除施足基肥外，從春季抽芽開始到早秋，每10天施 1 次肥，其間給葉面噴幾次0.1%尿素和0.2%的磷酸二氫鉀混合水溶液，有顯著促葉促花效果。

讓茉莉多開花的訣竅

1 一定要放在光照充足的地方。

2 水不要澆得太多，否則會掉蕾。

3 勤施肥。

4 要修剪。5月上旬剪去枯枝和交叉枝，並將去年的枝條適當剪短，同時摘掉老葉，促其抽生和孕育更多的新梢和花蕾。

鴛鴦茉莉

YuanYangMoLi

又名：雙色茉莉、番茉莉

在陽光充足的地方種植才能開花繁盛，因此，5月後搬出室外要放在有直射日光的地方，即使冬季在室內也最好放在靠南面的窗戶邊，讓其盡量多接受日曬。

生長適宜溫度為20~30℃，不耐寒，冬季要求氣溫在10℃以上。

春、夏、秋三季生長快速，這期間要充分澆水。秋末至整個冬季要減少澆水，以盆土保持微乾較好。但在有暖氣的室內，要注意多澆水，同時多給葉面噴水，切忌不要將水噴在花朵上，不然會引起爛花 。

種植前在盆土中多拌一些基肥，春、夏兩季追施 3~4 次水肥即可。

開花少的原因

1 光照不足會導致不開花或開花少。

2 修剪不當。鴛鴦茉莉生長快速，需要進行整形修剪。一般每年在進房前修剪 1 次，而在其他時間勿需再修剪，否則影響開花。

夜來香

YeLaiXiang

又名：木本夜來香、夜丁香

喜日照充足，也稍耐半陰，但長期在弱光條件下生長不利於開花。

喜溫暖，耐高溫，又耐寒。冬季室溫要保持 5℃以上，遇低溫會引起黃葉和落葉，只要莖幹不枯，來年春後經過修剪仍能發芽抽葉。

要求盆土濕而不澇，盆栽時在盆底多墊放碎瓦片以利濾水。夏季澆水要充足，切勿受旱，只要發現嫩葉發蔫就應立即補水。

只要盆土中施足了基肥，生長期可少施追肥。

枝條生長旺盛，每年秋季要進行 1 次整形修剪。剪除過密枝條，剪短過長枝條，每個側枝保留15公分長即可。只有每年修剪，才能促進萌發更多的枝條 ，也才能多開花。

壓條繁殖法

1 夜來香壽命較短，生長3年後會衰老，要及時培育新苗淘汰老株。4~5月間，選健壯的木質化枝條。

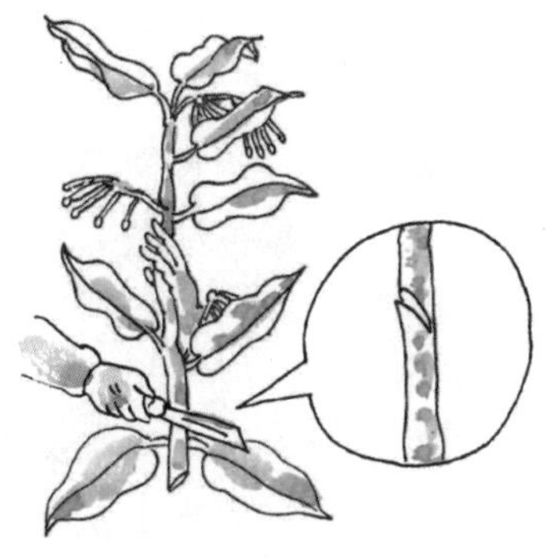

2 在枝條下部用刀刻傷。

3 將刻傷的枝條壓埋在另一花盆中。

4 40~50天後可生根，從母株上剪斷重新上盆種植。

瑞 香
RuiXiang

又名：睡香、瑞蘭

適宜種養於半陰處，尤其在6~9月間不要放在太陽下暴曬，否則易造成植株萎縮而死亡。

既不耐高溫，也不耐冬寒。其生長適溫為15~25℃。冬季要求室溫在5℃以上，而夏季氣溫超過30℃對其生長也不利，此時最好在背陽涼爽的地方養護。

澆水要慎謹。春、秋兩季生長旺盛，可多澆水。夏季炎熱反而不宜澆太多水，尤其不能讓盆土積水，如果濕熱很容易導致植株爛根死亡。冬季如果在室溫較高的環境條件下（10℃以上），正值開花期，澆水不能太少，否則盆土乾燥會引起花朵枯萎。噴水不要淋在花朵上，否則易爛花。

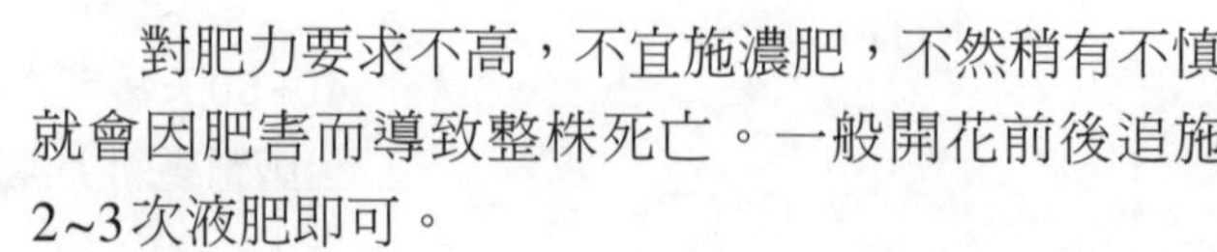

對肥力要求不高，不宜施濃肥，不然稍有不慎就會因肥害而導致整株死亡。一般開花前後追施2~3次液肥即可。

落葉的原因

1 種植太深。
栽種切忌埋土過深。

2 澆水過多。
導致爛根。

3 夏季強光暴曬。

4 施濃肥。

米　蘭
MiLan

又名：魚籽蘭、米仔蘭

喜陽光充足，光照不足或過於陰蔽，是造成米蘭開花稀少、香味淡的主要原因。但夏季酷熱時可略微遮陽。

不耐寒，越冬氣溫至少應維持在 8 ℃以上，尤其要注意春季出房時間不能過早，只有待室外氣溫回升並穩定在12℃以上時才能出房。

澆水要適量，春秋兩季要見乾澆透，見濕不澆。夏季要澆透外，還需噴水。冬季應減少澆水，以偏乾為宜，如果室內乾燥，也可葉面噴水。盆土過乾過濕都對生長不利，過濕會導致爛根和落蕾；過乾會造成黃葉和枯蕾。

只要在氣溫15℃以上就能多次開花，多施肥是保證開花的重要條件。除基肥外，從萌發新芽開始，每隔半月施 1 次復合肥水。立秋後和過冬期間一般不施肥。

養護要訣

2 米蘭著生花蕾不少，但還沒有等到開花就一個個乾癟枯萎了，這主要是空氣太乾燥和光照不足造成的。遇到這種情況，要多噴水增加空氣濕度，並搬到光照好的地方養護。

1 春季死亡主要是出房時間太早所致，只有氣溫穩定在12℃以上才能出房。

3 米蘭一經受到寒風吹襲，葉片變黑、萎蔫和脫落，說明植株已受寒害，要立即剪去1/2枝條，用塑料袋罩上保溫保濕，放在12℃以上的向陽處搶救，否則會導致全株死亡。

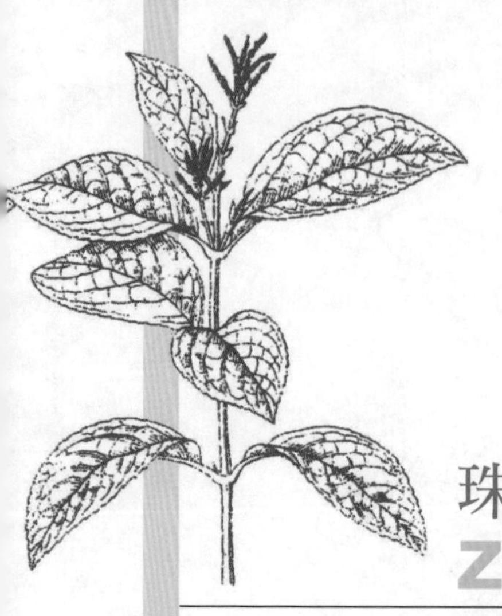

珠 蘭

ZhuLan

又名：珍珠蘭、金粟蘭

不耐陽光直射，絕不可放在露天陽光下暴曬，否則，葉片會嚴重灼傷。耐陰性強，適合在室內種養。俗話說：「曬不死的茉莉，陰不死的珠蘭」就是這個道理。

喜溫暖，不耐寒，霜降前要搬進室內過冬，到翌年清明後再搬出室外。夏季應在通風涼爽處養護。

春、秋兩季要充分澆水，保持盆土濕潤，但夏季高溫和冬季低溫要控制澆水，讓盆土乾濕相間。特怕水漬，水澆多了會掉葉爛根。

莖枝柔弱蔓狀，如果任其生長容易徒長倒伏，顯得雜亂無章，故需加強修剪。從幼苗開始經過多次摘心，每盆形成10~20個分枝比較合適，枝條多了生長不健壯，枝條少了株型不飽滿，並且開花也很少 。

4~5月每半月施肥1次，6~7月每週施肥1次，9~10月又可每半月澆肥1次，冬季停止施肥。

1 忌強光暴曬，否則葉色發黃，並產生葉斑。

2 怕盆土漬水，水澆多了會爛根。

3 喜空氣濕潤，經常噴水有好處。如果空氣乾燥，葉片會焦邊。

白蘭花

BaiLanHua

又名：玉蘭花、緬桂

喜日照充足，在陰蔽處開花不好。但夏季強光暴曬，幼葉邊緣常出現反捲枯黃，應適當遮陽。

喜溫暖，不耐寒冷和乾旱，在長江流域及以北地區不能露地越冬。通常10月進房，室溫不能低於5℃，否則會落葉。

對水分反應敏感，既怕缺水，更怕積水，最好是盆土潤而不濕。因此盆土一定要通氣透水性好。如果枝梢發褐、枯黃，說明盆土過濕已傷根，應減少澆水量。若葉片逐漸向上乾黃脫落，多為缺水所致，應增加澆水量。經常給葉面噴水對生長有益。

花期持久，若肥料不足，開花就會減少，因此除冬季外，每週都應施1次肥，但不要施濃肥。偶爾施幾次0.2%硫酸亞鐵水溶酸對防止葉片發黃有效果。

開花後摘去部分老葉，可抑制樹勢生長而促進花蕾的孕育。

壓條繁殖法

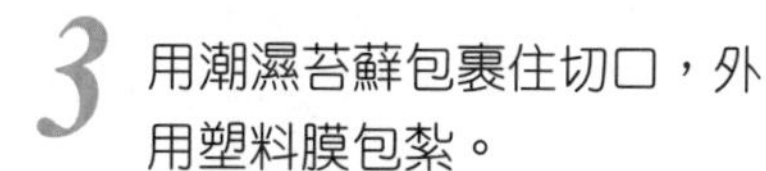

3 用潮濕苔蘚包裹住切口，外用塑料膜包紮。

1 用空中壓條法繁殖比較好。

2 選擇健壯多年生枝條，在枝條下部做環形剝皮。

5 多在春夏之交進行，到秋季生根後剪下栽種。

4 數月後，可見切口處長出根系，即可剪下栽種。

含笑
HanXiao

又名：含笑花、香蕉花

半陰環境最適宜含笑生長，在全日照的地方，生長反而不旺，老葉易掉落。在室內養護較長時間的植株，不宜驟然移到陽光下暴曬，否則也會引起落葉 。

喜溫暖，稍耐寒，在氣溫不低於 0 ℃的地方可露地越冬。在室內過冬室溫不宜超過15℃，否則對來年生長和開花都會產生不利影響。

要求盆土濕潤而不積水，澆水一定要掌握濕不澆、乾澆透的原則，夏季最好多給葉面噴水，以增加濕度。冬季澆水量要減少，以保持盆土偏乾微濕為好 。

肥料充足則生長開花茂盛。盆土多施基肥，生長期每半月追施 1 次水肥。

黄葉的原因

1 強光暴曬。宜遮陽。

2 環境乾燥。宜噴水。

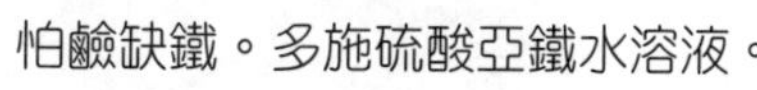

3 怕鹼缺鐵。多施硫酸亞鐵水溶液。

一品紅

YiPinHong

又名：聖誕花、猩猩木

喜充足的光照，一年四季除苗期和氣溫超過33℃時需要適當遮陽降溫外，其他季節光照越足生長越旺。若光照不足，葉片會黃化和脫落。

生長適溫為15~25℃，低於10℃，葉片會萎蔫脫落。因開花期在冬季，購買回家如果出現葉片萎蔫脫落，那肯定是室溫太低造成的。夏季高溫對其生長也不利。

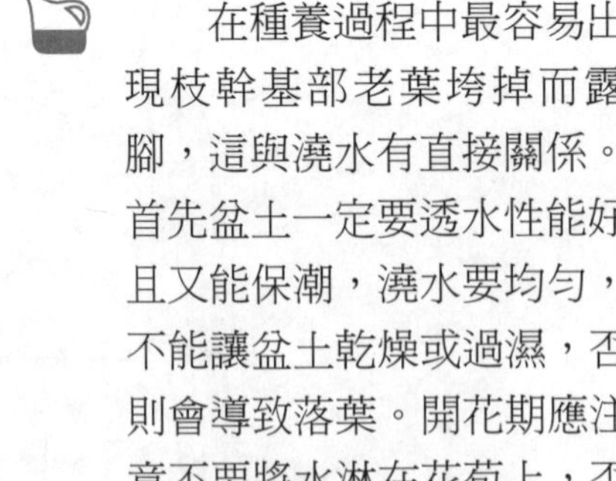

在種養過程中最容易出現枝幹基部老葉垮掉而露腳，這與澆水有直接關係。首先盆土一定要透水性能好且又能保潮，澆水要均勻，不能讓盆土乾燥或過濕，否則會導致落葉。開花期應注意不要將水淋在花苞上，否則花苞很快就會霉爛。

扦插繁殖的要點

■5~6月剪取去年的枝條扦插。■每3節為一段，不必帶葉。■清洗剪口流出的乳汁。■扦插後保持濕潤，約30天即可生根。■扦插苗定植後摘心1~2次，以增加分枝造型。

盆土肥沃，植株才能生長健壯。除在培養土裏混合基肥外，春、夏、秋三季每半月施1次復合肥水。

修剪的方法

1 花期後開始老化，剩下光禿禿的枝條，於清明後結合換盆進行重剪，即每枝保留基部2~3節，其餘的全部剪掉。

2 在生長過程中還應進行一次短截修剪，以促進分枝和控制植株高度。但注意在 8 月之前要完成最後一次修剪，太晚就不能保證植株在聖誕節開花。

杜　鵑
DuJuan

又名：映山紅、山石榴

疏陽環境最有利於杜鵑生長，怕暴曬。若光線太強，尤其在夏季，葉片易變黃，並影響花芽形成和開花。因此夏季遮陽對養好杜鵑很重要。

生長適溫18~26℃，畏酷熱，稍耐寒。能耐一定低溫（0℃以上），能忍受短期的-5℃以上的嚴寒。

根系纖細，分布較淺，因此盆底應多墊碎瓦片，以利排水。平時澆水要適度，既不讓盆土乾旱，也不讓盆土積水。抽葉和孕蕾開花期一定要保證供給足夠的水分。平時多給葉片噴水對其生長十分有利，但開花時不要將水噴在花朵上，否則會爛花。

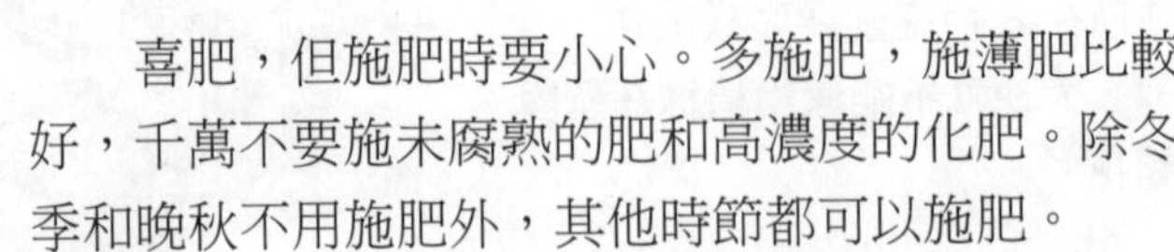

喜肥，但施肥時要小心。多施肥，施薄肥比較好，千萬不要施未腐熟的肥和高濃度的化肥。除冬季和晚秋不用施肥外，其他時節都可以施肥。

黃葉的原因

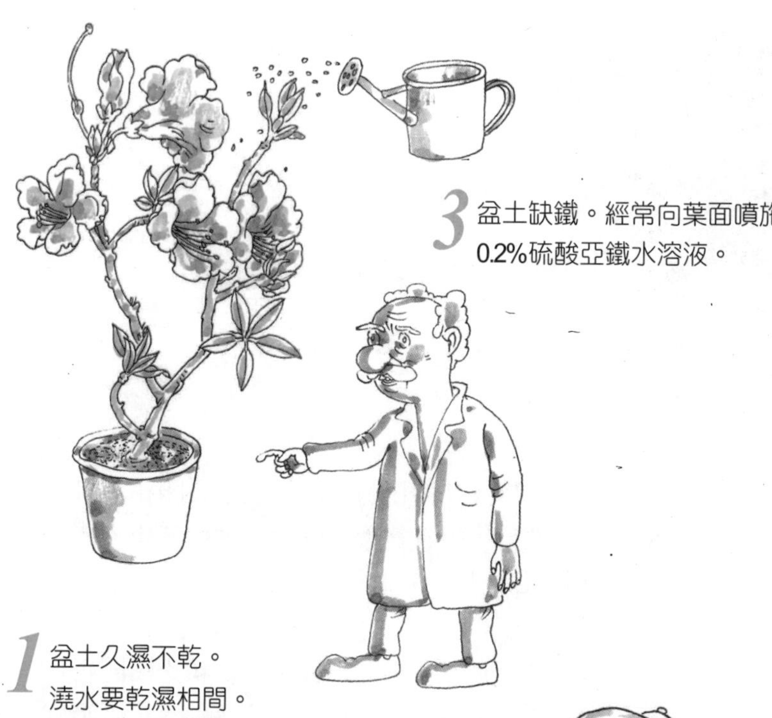

3 盆土缺鐵。經常向葉面噴施0.2%硫酸亞鐵水溶液。

1 盆土久濕不乾。澆水要乾濕相間。

防治紅蜘蛛危害

■夏季高溫乾旱，如果葉面出現退綠花斑，可以初步診斷有紅蜘蛛危害。■翻開葉片，用手指抹一下葉背，有紅色血液就可以確定是紅蜘蛛危害。■可以增加澆水抗旱，並多用水噴洗葉片，時間久了就會消失。■危害嚴重時，要噴農藥防治。

2 盆土鹼性過高。澆水時加幾滴食用米醋，以增加酸性。

金苞花

JinBaoHua

又名：黃蝦花

喜光植物，在半日照條件也能生長開花，但如果在光照過於陰暗處養護，會出現葉色變淡，枝條細長 ，開花減少。

喜溫暖，在20~30℃條件下會連續不斷開花，高於30℃開花減少，低於10℃葉片易脫落，不過氣溫回升後又可以重新萌發新的枝葉，若低於 5 ℃莖幹就會凍死。

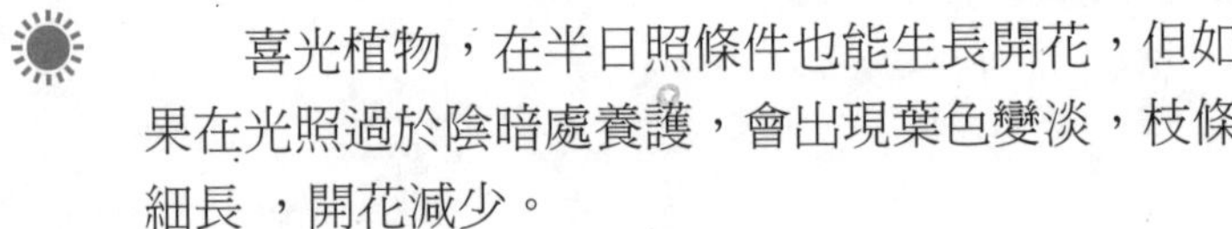

澆水要見乾見濕，不能讓盆土久濕不乾，尤其在冬季，遇冷濕根莖很容易腐爛死亡。

由於花期長，所以盆土要肥沃，同時勤施復合肥水。若肥料不足，生長瘦弱，開花量減少，花朵變小 。

摘心的技巧

1 適時摘心是養好金苞花的一項重要措施。一般從幼苗開始要經過3~4次摘心促進分枝，才能獲得一盆有著豐滿株型且開花數量多的植株。

2 花開過以後要及時摘除殘花或進行修剪，以促進抽生新的枝條而開出新的花。

龍吐珠

LongTuZhu

又名：麒麟吐珠

除夏季需稍遮陽外，其他時間應儘可能多地接受日照。若光照不足，則植株只長枝蔓和葉片，而不開花。

喜高溫，不耐寒，冬季溫度必須在12℃以上才能生長良好，如果低於12℃會落葉，待回春後可以重新發葉，但低於5℃就會凍死。

特別怕漬水，春、秋兩季注意澆水要適中，讓盆土不乾不濕比較好。夏季要多澆水，而冬季要少澆水，並保持環境乾燥，因冷濕環境最容易導致植株爛根。

施肥量不要過大，生長期每半月施1次稀薄肥水即可。

1 生長快速，應於每年早春或花謝後進行修剪，既可控制株高，又可促進多分枝而多開花。

2 由於其蔓性生長的特性，最好設支架讓其攀爬。

八仙花
BaXianHua

又名：繡球、斗球

最適宜在半陰處生長。若陽光太強，尤其在夏季，葉片會被灼傷；若光線太弱，會影響開花。

喜溫暖，最適宜的生長溫度為15~25℃。稍耐寒，長江流域地區可露地越冬，北方地區需移至室內越冬。

不耐乾旱，尤其在炎熱夏季，澆水一定要充足，並經常用清水噴灑葉面，如果盆土缺水，植株會枯葉枯梢。但也不耐水澇，在雨季大雨後，隨即將盆內積水倒出，否則肉質根容易腐爛。冬季一般不用澆水或少許澆水。

耐瘠薄，對土壤肥力要求不高，生長季節每週追施 1 次水肥即可。

修剪的技竅

1 花謝後及時將枝條短剪，促生新枝。

2 待新枝長至8~10公分時再進行摘心，促使新枝的嫩芽充實，以利來年開花。

3 若不修剪，3 年以上的老枝基部木質化，不易萌發新枝，樹形漸稀疏，開花漸稀少。

4 植株基部的莖上常會長出一些軟弱的枝條，對開花沒有益處，要及時剪除。

菊 花

JuHua

必須在日照充足處種養。

喜涼爽，在10~15℃條件下生長最適宜。不耐霜寒，遇霜後地上莖葉枯萎，只留地下根過冬。稍怕熱 ，往往夏季高溫時節生長欠佳。

澆水要適中，保持盆土潤而不澇。苗期澆水量不宜過大，隨著生長逐漸加大澆水量。澆水過多也不行，容易引起黃葉和爛根。澆水注意不要淋在葉面和花朵上，否則葉片易感病而脫落，花朵易爛心爛瓣 。

喜肥，除盆土肥沃外，生長過程中要不斷追肥。一般每10天施 1 次肥水。另外，經常用0.2%的磷酸二氫鉀和尿素水溶液噴施葉面，對壯葉促花有明顯效果。

養護要訣

1 4~5月摘取嫩梢扦插於砂土中，約半個月即可生根上盆種植。

2 幼苗要攔頭摘心2~3次，促使其形成4~6個主分枝，以達到理想的高度，並增加花朵數。最後一次摘心不能晚於8月，不然會影響開花。

3 因萌芽能力強，常有嫩芽從葉腋和根基部冒出來，要及時摘掉，以免破壞株型和消耗營養。

4 9月顯蕾後，每枝只留中間最大的一個花蕾，其餘花蕾全部抹掉，這樣保證花既大又端正。

牡　丹

MuDan

又名：木芍藥、洛陽花

喜陽光充足，但在南方夏季最好在疏陰處養護，避免暴曬，否則葉片易枯焦而影響正常生長發育。

喜溫涼，畏酷暑，較耐寒。北方盆栽若在室內越冬，早春不要過早出房，否則遇到寒流，形成的花蕾很容易變黃而脫落。

宜燥畏濕，澆水不宜過多，寧乾勿濕，經常保持盆土半乾半濕即可。最怕水澇，遇連陰雨天，要及時將盆中積水倒掉，不然易爛根和落葉。

要想牡丹種得好，除施足基肥外，一年當中還應追施 4 次肥，即 3 月施 1 次花前肥、 5 月施 1 次花後肥、 7 月施 1 次促花肥、10月施 1 次越冬肥。

根頸附近常萌發許多蘗枝，與主幹花枝爭奪養分，造成現蕾不開花或花開得很小，應及時除掉。花開後，及時剪掉花梗，不讓其結種子，以避免營養浪費。

盆栽的方法

1 由於根系發達，要用口徑40公分以上的大盆（缸）種植。

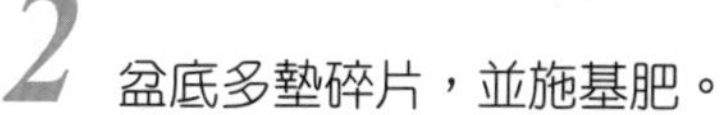

2 盆底多墊碎片，並施基肥。

3 10~11月份種植。

4 剪去過長的根，晾曬1~2天後種植。

九重葛

JiuChongGe

又名：葉子花、三角花

喜歡強烈的陽光，陽光愈強生長開花愈旺；若日照不足，枝葉會徒長且開花不良。

喜高溫，耐寒性差，冬季要在10℃以上環境中過冬 ，低於10℃會引起黃葉和落葉。

6~10月為生長旺盛時期，必須充分澆水，稍有缺水葉片就會打蔫。冬季低溫植株處於半休眠狀態，要減少澆水，按照不乾不澆的原則行事。

對肥料需求量大，除在盆土中施足基肥外，6~10月間每週施 1 次復合肥料，注意不要單獨施氮肥(尿素)，不然只長葉片不開花 。

修剪整形的技巧

2 小苗應多剪幾次，促其分枝，以豐滿樹冠和增加花枝。老的植株只在春季開始生長和秋季將要休眠時進行 1 次修剪，剪掉過密過長的枝條，可以剪重些。但其他季節不要修剪，以免影響開花。

1 九重葛是藤本植物，盆栽一定要經常修剪整形。

3 由於枝條長，還可依據自己興趣盤插各種造型。

扶　桑
FuSang

又名：朱槿、赤槿

日照愈充足愈好，即使冬季在室內養護也要選擇有光照的窗邊放置，並在風和日麗的中午移至室外多曬太陽。若長期光照不足，就會枝葉茂盛而很少開花，甚至還會導致已有花蕾萎蔫。

喜溫暖高溫，耐寒性差，一般在秋分移入室內，並維持12℃以上，若低於10℃引起黃葉，低於5 ℃就會導致落葉和枯枝，即使回春也很難返青。

喜中等濕潤，過乾過濕都不好。如果出現邊長蕾邊落蕾的情況，即為盆土太濕所致。冬季低溫要減少澆水，否則，盆土長期處於冷濕狀態，根莖易腐爛。夏季應多澆水，若盆土乾燥會導致葉片發黃而落。

合理施肥對養好扶桑很重要。春季在換盆時要施足基肥，除冬季外，每半月追施 1 次復合肥，以保證不斷開花對養分的需求。經常用0.2%的磷酸二

氫鉀液噴施葉面效果更好。但千萬不要在開花前施濃肥，當心肥力太足將花蕾衝掉。另外，不能多施氮肥，否則葉片很旺而不開花。

生長很快，應定期修剪，以促發新枝，多開花。

扦插繁殖法

1 5~6月份扦插，選擇一年生半木質化強壯的枝條作插穗。

2 插穗長 6~12公分，剪掉下部葉片，上部葉片也剪去1/3~1/2。

3 扦插深度2~3公分。

4 插後立即澆透水，用塑料膜覆蓋以保潮，20天即可生根。

月 季

YueJi

又名：月月紅、長春花

需要充足日照才能生長開花，每天至少應有 6 小時以上的陽光照射，但不耐夏季的烈日，所以夏季要適當遮陽。

生長適溫18~25℃，冬季低於 5 ℃會落葉休眠，夏季高溫超過30℃會抑制生長和開花，故夏季要適當遮陽降溫。

喜濕潤，除冬季少澆水外，其他季節都應多澆水，尤其在夏季更要充分澆水。

需肥量大，除施足基肥以外，每10天應追施 1 次復合肥水，以滿足連續開花對營養的需求。

月季扦插繁殖的時間

月季扦插在春、夏、秋三季都能進行，但只有在10~11月扦插最容易生根成活，在這個時間只要隨意剪幾個枝條插在泥土中，到第二年就會生根發芽。

盆栽月季花越開越小的原因

1 炎夏溫度太高，開花會越來越小，應適當遮陽降溫。

2 肥料不足。因開花不斷，營養消耗較大，需及時施肥補充。

3 沒有修剪。月季需不斷修剪復壯才能開好花。首先每年越冬前要進行 1 次重剪，即保留3~4個主幹枝，剪除其他多餘枝條。其次，每次花後自上而下3~4片葉處剪去花枝，促進腋芽萌生新的花枝。

4 沒有及時抹蕾。月季花枝上往往有幾個花蕾，要及時抹掉周圍的小花蕾，僅保留中間的一個主蕾。

5 光照不足。沒有足夠光照，不開花或開花小。

梅 花

MeiHua

又名：春梅、一枝梅

喜好充足陽光。光照足，生長壯，開花旺；光照不足，則開花少，甚至不開花。

對溫度適應性強，既耐寒，也不怕熱，除北京以北地區不適宜種植外，其他地區均能生長良好。

澆水要掌握好尺度，原則是見濕不澆，見乾就澆。盆土過乾或過濕都會引起黃葉和落葉。6~7月間是花芽分化期，此時澆水更關鍵，一定要控制澆水，只有樹葉發蔫時才可澆水，但澆就澆透，這樣才能促進花芽分化。如果澆水過多，反而以後開花稀少。

不喜大肥，只是在盆土中施足有機肥作底肥，及開花後和著蕾前各追施 1 次肥水即可。施肥太多，有時反而不利於開花。

修剪的技巧

1 要讓盆梅多開花，就一定要做好疏枝整形工作。

2 幼苗長到約15~20公分高時截頂，萌芽後留3~5個分枝，待分枝再長到15~20公分時再截頂一次。這樣盆梅的骨幹枝就形成了。

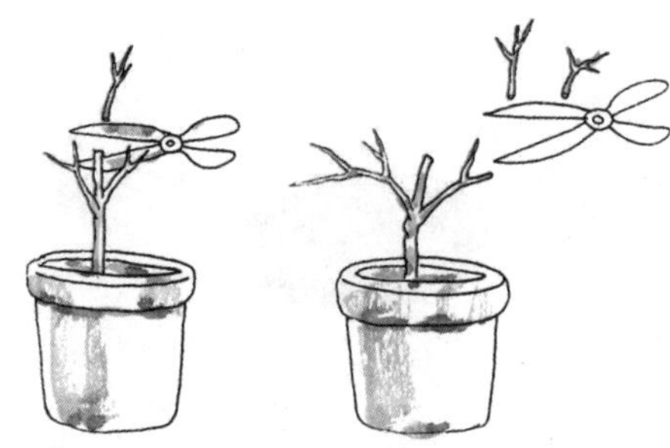

3 由於梅花的花朵是開在 1 年生枝條上，花後留基部2~3個芽剪短枝條，以促使形成更多花枝。

五色梅

WuSeMei

又名：馬纓丹

五色梅是陽性植物，喜光照充足，適合在朝南向陽的涼臺或窗臺種養，不適合在室內栽植，若光照不足就不開花。

生長適溫18~30℃，不耐霜寒，冬季要入室保護。

比較耐乾旱，但夏季要充分澆水，讓盆土保持濕潤很重要，如果盆土乾燥會引起落葉和掉花。

比較耐瘠薄，6~9月間每半月追施1次復合肥即可長勢良好。孕蕾期增施1~2次0.2%磷酸二氫鉀溶液，可以促進花大、色豔。

1 每年 4 月出房時最好換 1 次盆，這樣才能促進其生長旺盛。

2 耐修剪，常修剪可矮化豐滿株型。幼苗10公分高時進行摘心，保留3~5個枝條作主枝，待主枝長到一定長度，再進行摘心，如此下去直到滿意的株形為止。

茶梅
ChaMei

喜半陰環境，也耐陽光直射，對光的適應性強。

生長適溫18~25℃，稍耐寒，也稍耐熱。冬季氣溫在 0 ℃以上就可露地越冬。

茶梅根帶肉質，若長期盆土過濕，會引起生長不良。但喜歡空氣濕潤，夏季可以多澆水，同時多向葉面噴水，以提高空氣相對濕度，相對空氣濕度應保持在80%以上。

施薄肥而不施濃肥，避免產生肥害。 4 月份施 2 次以氮肥為主的肥料，促長葉； 5~6月以施磷肥為主，促花芽；9~10月施 2 次過磷酸鈣溶液，促使花大色豔。

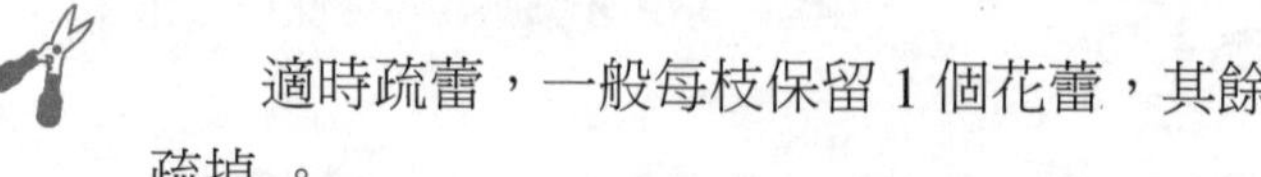

適時疏蕾，一般每枝保留 1 個花蕾，其餘全部疏掉 。

茶梅與山茶的區別

1 茶梅與山茶有許多相近似的地方，容易混淆。

2 茶梅葉片小，而山茶葉片大。

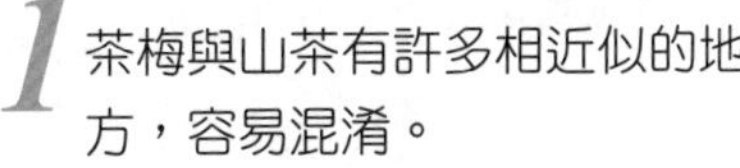

3 茶梅開花較早，一般11月就開始陸續開花，而山茶在露地多數 3 月才開放。

4 山茶的幼枝和主脈無毛，而茶梅葉面有毛。

山茶

ShanCha

又名：茶花、曼陀羅樹

光照調節是養好山茶的關鍵。春、秋、冬三季要放置在陽光充足的地方，若置於陰蔽的環境，則會影響開花。夏季一定要放在半陰環境下，防止陽光直射會灼傷葉片。

較耐寒，長江流域及以南地區可以露地越冬，而北方在室內不用加溫也可以過冬，但盆栽時耐寒力相對較弱，如果盆土結冰就會產生凍害。喜溫暖，在20~25℃條件下生長最為適宜。

春季抽梢可多澆，但梅雨季節要注意排水，否則盆土久濕不乾會導致爛根。夏季多澆水，多噴水，濕潤環境對生長十分有益。冬季盆土可適當偏乾，但要多噴水。

掉花蕾或枯花蕾的原因

■冬季進房後，空氣太乾燥，應噴水增濕。■室內溫度過高（超過16℃）。最好低於10℃。■花蕾太多，應疏蕾，每頭保留1個花蕾足夠了。■光照不足，應增加光照。

在春季花謝後，每10天施肥 1 次，以氮肥為主，以促進新梢生長。 5 月新枝開始木質化後，以施磷肥為主 ，促進花芽形成。經常施0.2%硫酸亞鐵水溶液，對保持葉色濃綠有好處。

養護要訣

2 澆水很重要。春季多澆促發梢，梅雨季少澆並注意排水，防止盆土積水爛根；夏季多澆、多噴水；冬季少澆，但要增加空氣濕度。

1 光照調節很重要。春、秋、冬要多曬太陽，夏季要遮陽。陰久了不開花，曬久了灼傷葉片而掉葉。

3 土壤很重要。土壤肥不肥倒無所謂，但一定要是酸性土，如果是鹼性土，不管你怎麼養它都長不好。

倒掛金鐘

DaoGuaJinZhong

又名：吊鐘花、燈籠海棠

春、秋、冬季應在光照充足的地方養護，否則植株枝乾稀疏細弱，且開花少。但夏季一定要放在半陰之處。

喜涼爽，忌酷暑，生長適溫15~25℃，冬季要求10℃以上，低於 5 ℃會受凍害。夏天氣溫超過30℃生長明顯變緩，而到35℃時就會枯萎死亡。因此，夏季管理是種養的關鍵，應置於陰涼通風處降溫。

平時澆水要見乾見濕，盆土過乾過濕都會引起黃葉和落花。夏季高溫生長變緩，要嚴格節制澆水，讓盆土偏乾為妥，如果水澆多了肯定會導致植株爛根而死亡。

生長期間，每半月施 1 次稀薄水肥，夏季絕對不能施肥。

摘心的方法

1 生長速度快，如果不摘心，植株會長得亂七八糟，且開花少。

2 從苗期開始，幼苗長到10公分高時進行第一次摘心，促發分枝，然後每枝留3~4節再摘心，摘心次數由長勢和株形需要而定。

3 摘心20多天後可從新生的枝梢上開花。

天竺葵

TianZhuKui

又名：石臘紅、洋繡球

喜光，不耐陰，有充足光照的地方生長健壯，葉片濃綠，節間短，株形優美，開花多。若光照不足，會引發植株老葉黃化、脫落或落花。但在夏季需要遮擋中午前後的日曬。

生長適宜溫度為15~25℃，不耐酷暑濕熱，在夏季氣溫超過35℃生長欠佳。冬季氣溫 3 ℃以下易受寒害。

生長旺盛時，要充分澆足水，但冬、夏兩季不要澆太多水，寧乾勿濕，水太多會引起葉片黃化，甚至導致爛根。

盆土要肥沃，生長旺盛時期要每10天追施 1 次復合肥水，以確保不斷開花對養分的需求。夏季高溫或冬季低溫時，植株處於半休眠狀態，應停止施肥。

要修枝整型。若不及時修剪，枝葉架長，花果越開越小。從幼苗開時摘心，促其多分枝，多開花。花謝後要及時剪去殘花梗。經常剪去過密過長的枝條，保持株形勻稱和內部透風透光好。對於老的植株，立秋後結合換盆，留 3~5 個主枝，每枝留基部 3 個節，將其餘枝條全部剪掉，剪後 3~4 天不要澆水，這樣可以更新復壯。

養護要訣

2 充分光照。

1 修枝整型。

金 橘

JinJu

又名：羅浮、牛奶金柑

接受充足的光照才能生長健壯，花繁果多。如果光照不足，會引起枝葉徒長，開花結果少。

氣溫20~26℃生長良好，超過35℃易落果。冬季以保持 3~5℃為宜，氣溫過高會縮短掛果期，同時枝葉生長過早會影響來年開花結果。

澆水很關鍵。喜濕潤，忌積水，避免過乾或過濕，尤其在花期至幼果期更應加倍留心，否則易落花、落果。另外，在夏梢生長期間應嚴格控制澆水，每次當葉片打捲時再澆水。但這段時間可以多向枝葉噴水，只有當夏梢的腋芽膨大後才可恢復澆水量。

喜肥，從早春萌發新梢後到著果，每半月追施 1 次肥水，但在初著果時要暫停施肥，當果實長到蠶豆粒大小時再恢復施肥，直至果實開始泛黃停止施肥。

1 春梢萌發前進行一次重剪，每株僅保留3~5個隔年生的健壯骨幹枝，留基部3~4個芽，上部枝條全部剪掉，以促發春梢。

2 待春椿長到15~20公分長時進行一次摘心，以誘發夏梢。待夏梢長到 6 公分左右時再進行一次摘心，小暑以後花芽分化完成。

結果少的原因

■澆水過多過少，都會引起落花落果。■夏梢生長時期要減少澆水，以促進花芽分化。■剛著果時不要施肥，否則會落果。■如果著果太多，要適當疏果，一般每個枝條留 3~4個果實。這樣果實大小均勻，成熟整齊 。

3 8月份以後，當秋梢長出時要及時剪掉，避免養分消耗。

蘭　花

LanHua

又名：蘭草、幽蘭

最適宜在遮陽60%~70%的環境中生長，畏強光直射與暴曬，但也不能長期生長在陰暗處，否則會影響開花，秋冬季可多曬太陽。要想株型勻稱，每隔一週應調換盆向，使其均勻接受光照。

生長適溫16~26℃，忌高溫和嚴寒。霜降前後氣溫降到 5 ℃時移至室內，室溫保持10℃以上為宜。冬季室內養護要注意空氣流通，忌煤煙。春季不要過早出房，最好在 4 月底以後出房。

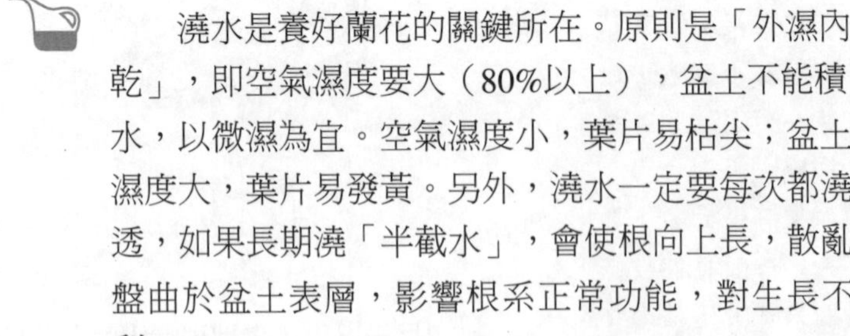

澆水是養好蘭花的關鍵所在。原則是「外濕內乾」，即空氣濕度要大（80%以上），盆土不能積水，以微濕為宜。空氣濕度小，葉片易枯尖；盆土濕度大，葉片易發黃。另外，澆水一定要每次都澆透，如果長期澆「半截水」，會使根向上長，散亂盤曲於盆土表層，影響根系正常功能，對生長不利。

喜肥，但不喜大肥，以薄肥勤施最為理想。盆土中不要施過多基肥，尤其不能施未經腐熟的肥料。生長期每半月追施 1 次稀薄肥水即可。施肥時在肥水中添加 1 % 的硫酸亞鐵，或用0.2%磷酸二氫鉀水溶液噴葉面，對生長開花好大有益處。

換盆的方法

1 蘭花是肉質根，且十分發達，只有每年換一次盆，去除老根，促發新根，才能長得更好。

2 最好選用燒製的深筒陶盆，並在底部墊2～3公分厚的碎瓦礫，以利排水通氣。

3 將蘭花從舊盆中脫出，去除老土和老根，同時剪去老葉，促其萌發新葉和新芽，這樣才能多開花。將整理好的植株種植在準備好的花盆中 。

4 種後不要立即澆水，放在陰涼處3～4天後再澆水，並且要把水澆透。

蝴蝶蘭

HuDieLan

又名：蝶蘭

應當給予良好的遮陽，切忌強光照射，否則葉片會被灼傷。

喜溫暖，生長適溫為22~28℃，對低溫敏感，低於15℃停止生長，葉片變黃或出現黑斑，隨繼脫落，直至死亡。也不耐高溫，氣溫超過32℃進入半休眠狀態，影響花芽分化。

喜潮濕，尤其喜空氣濕度大，因此經常噴霧不可少。根部不耐積水，種植基質一定要透水通氣相當好，所以一般不用土壤栽種，而是用苔蘚、椰絲、碎木屑等。

開花期間不要施肥，花期過後，新根和新芽開始生長時每週澆 1 次稀薄的肥水，也可直接灑在葉片上。10月份以後要停止施肥，再施肥過多會導致植株徒長而影響花芽分化。

養護要訣

2 要求很高的空氣濕度，經常噴水或浸水很重要。

1 一般用苔蘚、碎瓦片、木屑等材料做栽種的基質，而不用培養土。

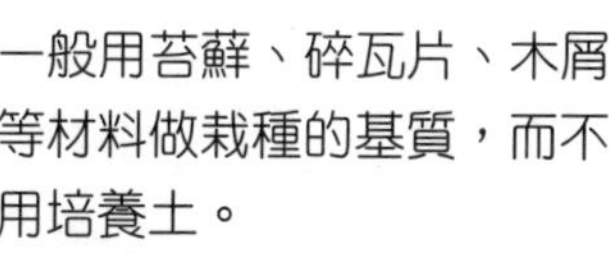

3 對低溫敏感，氣溫低於15℃，花瓣容易產生鏽斑，葉片會發黃或產生黑斑而脫落。

4 通風條件一定要好，尤其在夏季一定要放在窗口通風處。

6 開花期間要通風，否則花莖端較易凋萎，導致花蕾枯黃早落。

5 現蕾後繼續施肥會提早落蕾。

鳳　梨

FengLi

又名：觀賞菠蘿

耐陰性強，是十分適合在室內長期供養的花卉。但在半陰環境下生長最為適宜，尤其對於開花的鳳梨不能太陰，否則會影響開花。

喜溫暖，生長適溫18~28℃。耐寒性差，冬季氣溫低於12℃，就停止生長。

抗乾旱能力強，數日不澆水對植株生長也不會有太大影響。但要想讓其長勢良好，就一定要提供一個空氣濕度大的生長環境，因此平時應注意多給葉片噴水，尤其要保證葉叢形成的杯狀筒中盛有足夠的水。

肥料濃度要小，以追施薄肥（0.2%左右濃度）為宜。肥料直接施在盆土中和葉叢形成的杯狀筒中均可 。

養護要訣

1 多數鳳梨每株一生只開 1 次花，開過花的老葉叢便逐漸枯萎，然後從其側面又萌生新的葉叢。老葉叢要及時剪去。

2 從基部切取萌發的幼株，扦插於砂土中，保持濕潤，生根後就可種植。

3 澆水和施肥可以直接澆灌在葉叢形成的筒中。

花　燭

HuaZhu

又名：紅掌、紅鶴芋

除夏季要遮擋強光外，其他季節最好有適當的光照，光照太強，葉片小且容易灼傷，光照太弱會影響開花。

熱帶植物，喜溫暖，耐高溫，不耐寒，生長適溫 20~28 ℃。冬季要注意保暖，氣溫不要低於16 ℃，否則葉片會發黃而枯萎。夏季氣溫高於28℃，開花會減少。

除冬季要少澆水外，其他時節要充分澆足水和經常給葉面噴水，保持濕潤很關鍵，但盆土一定要透水性好，如果盆土積水也會引起肉質根腐爛。

在適合花燭生長的季節，每天施 1 次肥水，經常用0.2%濃度的尿素和磷酸二氫鉀水溶液噴施葉面，即可保持濕潤，又可提供植株生長開花所需的養分。

分株繁殖法

1 每年5~6月進行。

2 將植株叢盆中倒出，每3~4片葉叢為一組，帶氣生根一同分切開。

3 重新單獨盆栽即可。

非洲紫羅蘭

FeiZhou ZiLuoLan

又名：非洲堇

在疏陽環境下最適合，也較耐陰，是一種難得適合在室內生長開花的植物。並不適合在室外種植，因為光照太強反而對生長不利。

生長適溫15~25℃，既怕熱，也怕寒，夏季要放在通風涼爽的地方或有空調的房間裏，冬季要維持室溫在12℃以上。只要溫度合適可終年開花不斷。

澆水要適中，讓盆土濕而不澇最好。盆土積水往往是造成植株腐爛的主要原因。由於葉片上有絨毛，澆水要格外細心，最好用帶嘴壺從葉縫間澆水，不要把水淋在葉面上，否則葉片會產生水漬斑塊。

盆土要肥沃，在春、秋兩季每10天澆肥水 1 次，冬 、夏兩季不要追肥。

1 葉片有絨毛，澆水和施肥時如果水珠或肥水沾在葉面上，會使葉片產生水漬斑，甚至腐爛。

2 剪帶柄葉片扦插於砂土中，保持濕潤，很容易萌生許多小幼株，可以用於繁殖。

荷　花

HeHua

又名：蓮花、水芙蓉

喜光，在強光下生長發育快、開花早、開花多。家養最好放在庭院或陽臺通風良好的向陽處較合適。

對溫度要求較嚴格，一般在 8~10 ℃時開始萌芽，14℃時抽出地下莖， 18~21 ℃開始抽生立葉， 23~30 ℃對於花蕾發育最為適宜。了解了荷花生長不同時期對溫度的要求，就應盡量依據這一習性給它創造適當條件。冬季葉片枯黃，北方應移入室內過冬 ，室溫保持在 3℃以上。

上盆（缸）種植後，開始加水宜淺，水深約 2 公分即可，有利土溫提高，促使種藕儘快萌發。待錢葉長出後，再逐漸加深水位直至滿缸（盆），秋冬季降溫枯葉後，應剪掉殘枝，將盆水倒盡，但要保持盆土潮濕，盆面可蓋草保溫。若放置在露天過冬，則要放足缸水，以免缸土凍結。

栽植前在缸底先放好基肥，立葉抽出後再追施 2 次肥水，但不要施太多氮肥。

種植的方法

1 清明節前後栽種，選口徑 50~70公分的水缸。

2 在缸底鋪上一層約3~5公分厚的粗砂，然後放上基肥，再填上塘泥至缸深的一半，灌水拌成泥漿狀。

3 取帶頂芽、有 3 節的藕段，沿盆邊順序排放。頂芽要露出土表。

4 先灌2公分深的水，待葉片長出時再逐漸增加水深。

小蒼蘭
XiaoCangLan

又名：香雪蘭、洋晚香玉

要求充足的陽光，光線不足，葉片會徒長而易倒伏 。

喜溫涼環境，既怕寒，又怕熱，夏季氣溫高時就倒苗、休眠，到秋季轉涼後球莖重新萌芽生長，冬季要求在8~18℃的室內生長，早春開花。

秋季開始萌發時需水量不多，可每 5 天澆水 1 次 ，以後隨著植株生長逐漸增加澆水量。最好讓盆土保持中等潮濕，太潮濕易爛根，太乾燥不利生長，開花後又要逐漸減少澆水，直至休眠時停止。

當植株長出 3~4片葉子時開始施肥，每半月施肥水 1 次，直至長出花葶後停止施肥。其間，增施0.5%過磷酸鈣溶液，對促進開花與抗倒伏有良好作用。

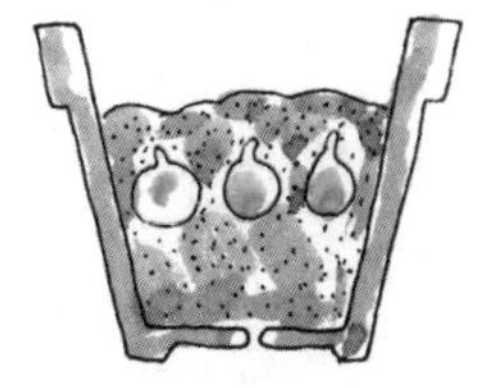

1 9~10月份栽種，每盆3~4個球。

2 長出3~4片葉時，開始每隔10天左右施1次肥。

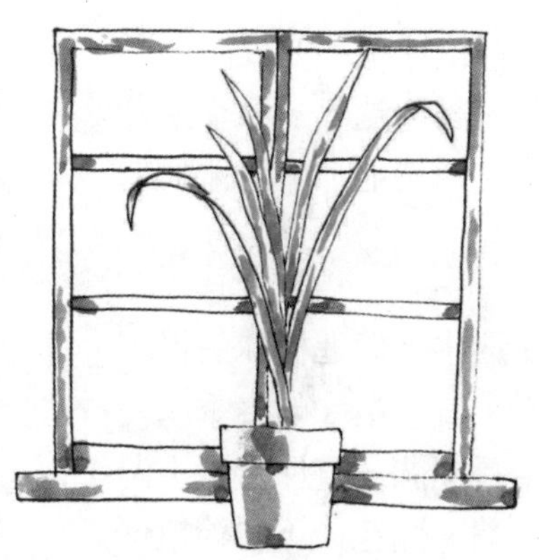

3 霜降前移入室內養種，要求陽光照射，溫度7~10℃。

4 長出10~12片葉時，出現花葶，停止施肥，並設立支架綁紮。

風信子

FengXinZi

又名：五色水仙

要求日照充足，光照不足，葉片和花葶都會生長過長而易倒伏。趨光性明顯，種養時要經常轉動花盆朝向，不然會傾斜生長。

適宜溫涼氣候，秋季種植球莖不要太深，以鱗莖頂部與土面平齊為宜。露地越冬，春季生長開花。夏季地上部分枯黃，通過地下球莖休眠越夏。

秋季種植後，澆 1 次透水，促進種球生根，冬季土壤略濕就不再澆水，直至第二年春季萌發後，逐漸增加澆水量。生長期間一直保持盆土濕潤，但不能積水。也可水養。開花後不要給植株噴水 。

家庭一般購買成品種球培養，開花後可扔掉，因為家庭繁育種球很困難。而成品種球已貯藏有足夠的養料，加之培養土含有一定養分，在生長過程中無需再施追肥。

1 選大而充實的鱗莖球，放置細頸口玻璃瓶上。

2 將清水注入瓶中，水面與鱗莖球底部相接即可，不要把鱗莖浸泡在水中。

3 用黑色不透光塑料袋將鱗莖球和瓶子一起罩住，放在陰暗處 2 週，待發根後移至光照充足處養護。

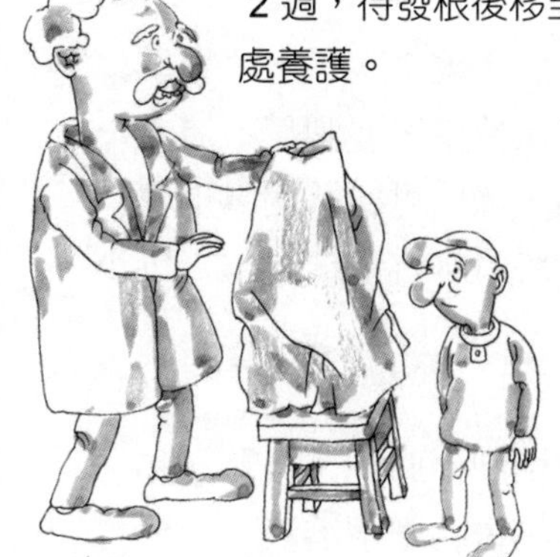

4 在18℃左右的氣溫條件下，約25天即可開花。

鬱金香

YuJinXiang

又名：洋荷花、草麝香

喜陽光充足，盆栽應放在向陽的窗臺和陽臺處養護 。

耐寒性很強，秋季（ 10~11 月份）種植，可露地安全越冬， 2 月上旬左右（溫度 5 ℃以上）萌芽生長， 3~4 月份開花， 5~6 月份地上部分枯黃，以地下球莖休眠度夏。

栽後澆 1 次透水，入冬前再澆 1 次透水，春季萌發後再逐漸加大澆水量，保持土壤濕潤而不漬水為度（以手捏成土團，手指一擢即可鬆散開為土壤最佳濕度）。剛現蕾時，不要將水淋在株心中，以免引起盲花（不開花）。

盆土中可以摻合一些有機肥作底肥，展葉前和現蕾初期各追施 1 次低濃度的復合肥水溶液。

養護要訣

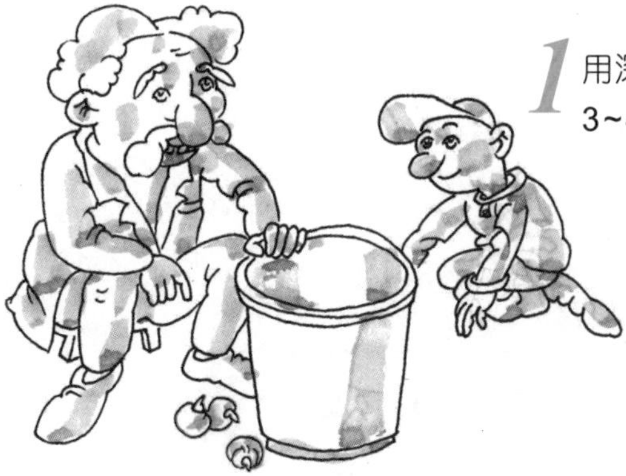

1 用深筒花盆，每盆種3~4個種球。

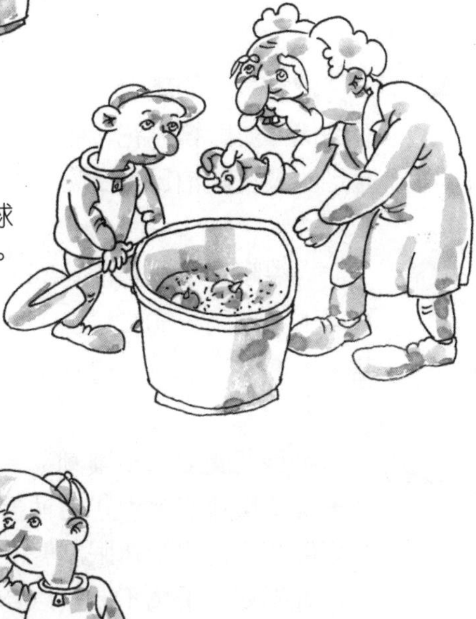

2 種植深度為球莖高的1倍。

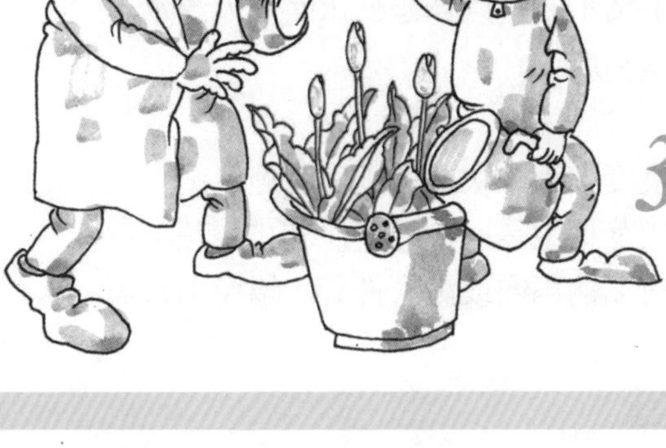

3 剛現蕾時不要將水淋在株心中，以免引起盲花（不開花）。

馬蹄蓮

MaTiLian

又名：水芋、觀音蓮

適宜疏陰的環境，但光線太弱會引起葉片徒長而倒伏，並影響開花。春秋兩季生長旺盛，光照要充足些，夏季怕日光暴曬，需遮陽。

喜溫暖，生長適溫為20~25℃，溫度過低（8℃以下）過高（30℃以上）都會引起葉片枯黃、倒苗。

生長期間要求土壤潮濕，澆水宜多不宜少，如果土壤乾燥缺水會引起葉柄折斷。夏季高溫，植株黃葉倒苗而進入半休眠狀態，應停止澆水，讓其安全休眠過夏，千萬不要誤以為是缺水而加大澆水，反而會導致塊莖腐爛。

追肥不宜濃度太濃、太勤，尤其少施氮肥，如果施大肥會造成莖葉生長過分旺盛而減少開花。澆肥水時，勿淋在葉柄鞘內或濺入株心，以免引起黃葉和腐爛。

越夏的養護

1 夏季高溫葉片發黃而進入休眠。

3 待葉片全部枯黃後，剪掉葉片，將花盆放在半陰處，同時嚴格控制澆水，僅保持盆土微濕即可。

2 此時應逐漸減少澆水，而不是增加澆水。

仙客來

XianKeLai

又名：兔耳花、一品冠

冬季最好給予充分日照，春秋兩季有一半時間能接受光照，而夏季應遮陽降溫。

生長適溫12~20℃，不耐寒，更怕熱，當氣溫超過30℃時，葉片凋萎而進入休眠，氣溫超過35℃，極易受熱腐爛而死。因此，安全度過炎夏是種養的關鍵。冬季氣溫低於10℃以下，生長受到影響，葉片捲曲，開花也會延遲。

夏季為休眠期，因此應少澆水，一般從 5 月中下旬開始逐步減少澆水，夏季高溫期間僅讓盆土微濕即可，寧乾勿濕，否則易爛根。 9 月以後又逐漸增加澆水量。

安全過夏的要訣

■放置陰涼通風處。■不能曬太陽，嚴格控制澆水。■停止施肥。

9 月份後開始追肥，一般每10天左右施 1 次水肥，直至著蕾停止。著蕾前給葉面噴施0.2%磷酸二氫鉀水溶液，能有

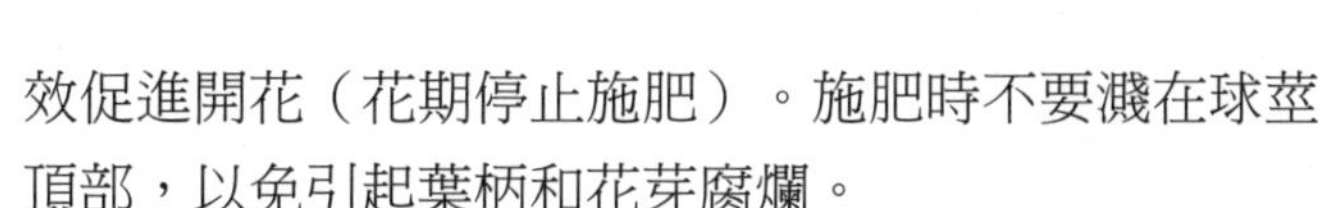
效促進開花（花期停止施肥）。施肥時不要濺在球莖頂部，以免引起葉柄和花芽腐爛。

種植的方法

1 栽種球莖頂部要露出土面1/3~1/4。

2 栽深了，葉柄細長，葉片大而較薄。

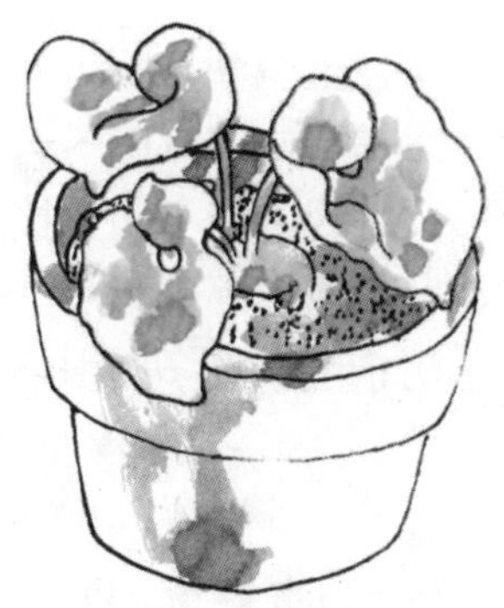

3 栽淺了，葉柄短粗，葉片小而厚，且塊莖易炸裂。

大岩桐

DaYanTong

又名：落雪泥

喜半陰蔽的環境，忌陽光直射，是十分理想的室內花卉。

生長適溫18~26℃，在過冷或過熱的環境下，如果澆水不當極易引起莖葉腐爛。冬季安全越冬室溫應在 8 ℃以上。

澆水量需注意均衡，要保持盆土濕潤，不可過乾或過濕。經常向地面灑水，以提高空氣濕度，若室內空氣過於乾燥，葉片易發黃焦邊。但不能直接給葉面和花朵噴水，否則葉和花易爛。夏季和冬季進入休眠要減少或停止澆水，防止澆水過多而引起塊莖腐爛。

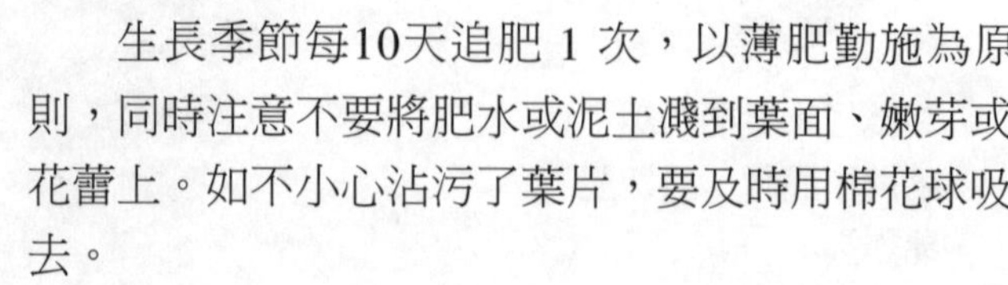

生長季節每10天追肥 1 次，以薄肥勤施為原則，同時注意不要將肥水或泥土濺到葉面、嫩芽或花蕾上。如不小心沾污了葉片，要及時用棉花球吸去。

葉插繁殖法

1 選取成熟葉片，連同葉柄一起切下。

2 將葉片剪去一部分，帶葉柄插入砂盆中，保持一定濕潤，並放置於半陰處。

3 在22~25℃條件下，約 1個月後長出幼芽，待長出3~4片葉時可分栽。

唐菖蒲
TangChangPu

又名：劍蘭、菖蘭、什樣錦

喜陽光，在其整個生長期均要求充足的光照。

喜涼爽氣候，不耐寒，冬季低溫倒苗休眠。也畏酷暑，夏季高溫生長不良，開花率低。生長適宜溫度為25~30℃。

從萌芽到長出 2 片葉時，澆水不宜過多，以免生長過快而影響開花。從抽花莖到開花不可缺水，宜保持土壤濕潤狀態。花謝之後，可以逐漸減少澆水，直至倒苗挖球。

主要施好 3 次追肥（見圖）。多施磷、鉀肥可以促進植株開花。尤其每週應噴 1 次0.2%硝酸銨和過磷酸鈣溶液，連續噴施4~5次，有明顯的促花效果。

施肥的方法

1 種植前，在盆土中拌入固體基肥。

2 長2片葉後施第一次肥，促莖、葉生長。

3 抽花莖時施第二次肥，促花。

4 花開後施第三次肥，促地下球莖生長。

選購球莖的訣竅

■挑選球莖呈扁球形的好。太圓和太扁都不好。■挑選中等大小的球莖好，太大和太小均不好。■球莖外表無損傷、無病斑的好。■頂芽和球莖底部根基沒有損傷的好。

朱頂紅
ZhuDingHong

又名：朱頂蘭、孤挺花

春、秋兩季要求陽光充足，夏季要求放在半陰處養護。

喜溫暖，忌酷熱，炎熱盛夏葉片枯黃而進入半休眠狀態，夏季涼爽（18~22℃）有利生長。稍耐寒，南方地區可露地越冬，北方地區在10月中旬移入室內過冬。

初栽時不澆水，待葉片抽出後開始澆水，並隨著生長逐漸增加澆水量，保持盆土濕潤。開花後，減少澆水，讓盆土稍乾。冬季應嚴格控制澆水，放在室內冷涼乾燥處，讓其充分休眠，僅維持莖不枯萎即可。

喜大肥，花後每兩週應追施 1 次濃肥。多施磷、鉀肥有助於開花及促進球根肥大。

種植的方法

1 3~4月種植。

2 選擇球莖外表健康無傷痕，最好露出一點點葉芽為佳。

3 種下球根，注意不要將整個球都埋在土裏，應該將1/3的球莖露出土面。

百 合

BaiHe

喜陽光照射式半陰的環境。生長趨光性比較明顯，養護中應注意經常轉動花盆方向，以防止株形偏長。

最適宜涼爽濕潤環境，生長適宜溫度為 18~24 ℃。耐寒力較強，冬季以休眠狀態在地下越冬。耐熱力較差，若在高溫高濕條件下生長，極易受病蟲危害。

澆水要見乾見濕，盆土不能久濕積水，否則葉片易發黃，鱗莖易腐爛。

種植時應在盆底施足有機肥作基肥。從萌芽展葉至著蕾期，每隔半月施 1 次低濃度的復合肥水溶液即可。

鱗片扦插繁殖法

1 選擇厚鱗片的百合種球，去掉外圍一圈鱗片，取中間新鮮肥厚的鱗片。

2 將鱗片插入砂土中，頂端露出土面。

3 澆水保濕，在25℃左右，一個月以後在鱗片基部即可長出 1 至多個子球。

4 小子球掰下種養2~3年可開花。

水 仙
ShuiXian

又名：雅蒜、天蔥

水養應盡量放在陽光充足處，如果光線不足，葉片和花葶易徒長而倒伏。在戶外氣溫不低於 0 ℃的晴天移至室外，傍晚放回室內（每天接受8~10小時光照），這樣經低溫和紫外光照處理的葉片短而寬，開花繁茂。

最好在12~15℃的室溫條件下養護。室溫過高並不好，植株會瘋長，並且花期也會縮短。

剛上盆時，宜每天換 1 次水，開花前後改為每 3 天換 1 次水。一般在傍晚將盆中的水倒掉，次日清晨再重新加水，這樣對矮化植株有利。

水養無需根部施肥，否則根系易失去潔白的色澤，有礙觀賞。但可用0.2%的磷酸二氫鉀水溶液噴施葉面，有壯苗促花的效果。

水養的要訣

1 先將鱗莖上棕褐色的乾枯外皮剝除，並去掉根部的護泥和枯根。

2 用鋒利刀具在鱗莖中心芽兩側，自上而下各直切一刀，深度以不傷及芽為度。

4 從水養開始，大約35~40天開花。

3 將鱗莖放入清水中浸泡1天，取出擦去刀口黏液，放入水盤中，加水深度以淹沒鱗莖底座為宜。

大麗花

DaLiHua

又名：大理花、大麗菊

日照越充足，生長越好。除炎夏中午前後需適當遮陽降溫外，其他季節均應有足夠的光照。

喜溫和氣候，生長適溫15~25℃。不耐寒，溫度下降到4~5℃時進入休眠，低於0℃塊根就會受凍害。也不耐炎熱，在高溫多雨地區，夏季處於半休眠狀態，生長勢較弱。

幼苗期不可多澆水，以免徒長。澆水一定要掌握乾透澆透的原則，不要讓盆土久濕不乾，尤其不能積水，否則易爛根。在南方多雨季節，要在雨天將花盆用磚墊起或者傾倒排水。

塊根貯藏的方法

秋末霜降後，植株莖葉枯萎，留5公分莖幹後剪去地上部分。挖出塊根，藏於微濕砂中。放置於0℃以上室內貯藏越冬。

喜肥，除種植土壤要肥沃外，在莖葉生長至現蕾期間，每半月追施1次液肥，肥料濃度可大一些，現蕾後

改每週施 1 次肥，同時給葉面噴施2~3次0.2%磷酸二氧鉀水溶液，可促進花色艷麗。但夏季一般不施肥。

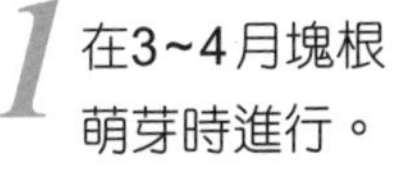

1 在3~4月塊根萌芽時進行。

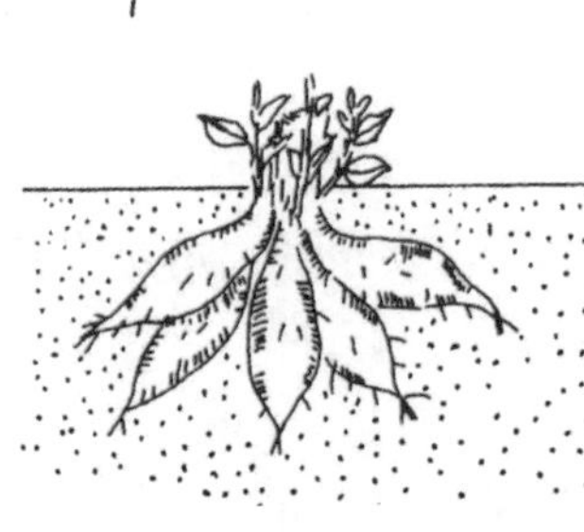

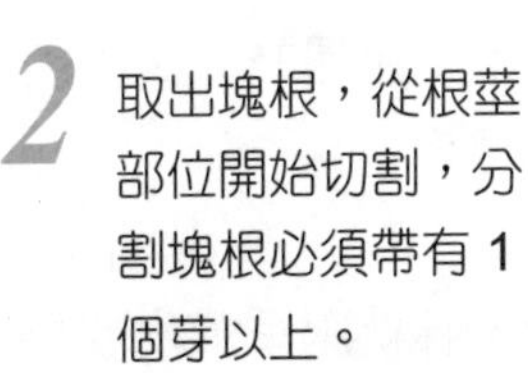

2 取出塊根，從根莖部位開始切割，分割塊根必須帶有 1 個芽以上。

3 切割下來的塊根放在通風處陰乾傷口，然後種植。

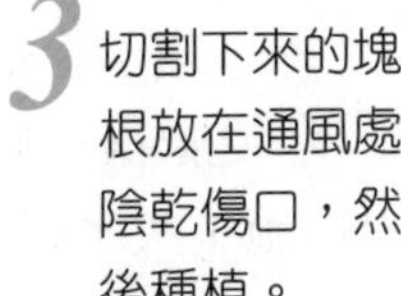

鶴望蘭

HeWangLan

又名：天堂鳥、極樂鳥

喜陽光，除夏季需適當遮陽、防止強光灼傷葉片外，其他季節均需要多曬太陽，才能促使其葉短花多。

生長適宜溫度為20~28℃，冬季越冬宜在 8 ℃以上，夏季最好不要超過35℃，溫度過高或過低都會影響開花。

澆水要適量，春秋兩季澆水要見乾見濕，夏季澆水要讓盆土保持濕潤，並多向葉面和地面噴水，以增加濕度，以免因乾燥引起葉片向內捲曲。冬季澆水以偏乾為宜，以免漬水爛根。

喜肥，種植土壤一定要肥沃，除冬季不追肥外，生長季節每隔半月追施 1 次水肥，另增施 2 次0.5%過磷酸鈣溶液。

分株繁殖法

2 先將植株從盆中叩出，陰乾1~2天，讓根系變軟。

1 春末花謝後結合換盆進行。

3 從根莖空隙處用利刀切割開，每叢3~4個芽。傷口處抹草木灰，晾曬半天再上盆種植。

君子蘭
JunZiLan

又名：劍葉石蒜、大葉石蒜

對光照強度的要求不嚴，一般在春、秋兩季給予半日照，冬季給予全日照，夏季置於陰棚下養護最好。如果長期放置在光照不足的環境條件下會影響開花。

喜溫暖。生長適溫15~25℃，10℃以下生長變慢，5℃以下則處於相對休眠，0℃以下會受到凍害，但30℃以上也會阻礙生長。

澆水要視具體情況而定。春、秋兩季是生長旺盛時期，要均衡澆水量，始終保持盆土濕潤。夏季氣溫高時，澆水量要適當控制，少澆為宜，因為澆水過多會導致爛根，同時也不要給葉片噴水太多，否則易導致爛葉爛心。最好放在沒有雨淋的場所種養。冬季在氣溫較高的溫室養護，澆水要適中，不能讓盆土乾燥，否則會出現「夾箭」（花葶夾在葉叢中開花的現象）而影響正常開花。

施肥管理是關鍵。除夏季不宜施肥外，春、秋、冬三季一般每半月追施 1 次水肥，秋季增施磷、鉀肥對開花有促進作用。另外，在種植前於盆土中施足基肥也十分重要。

換盆的方法

1 君子蘭根系生長很快，只有每年換盆，及時去掉老根而產生新根才能保證植株較強的吸收水肥的能力。

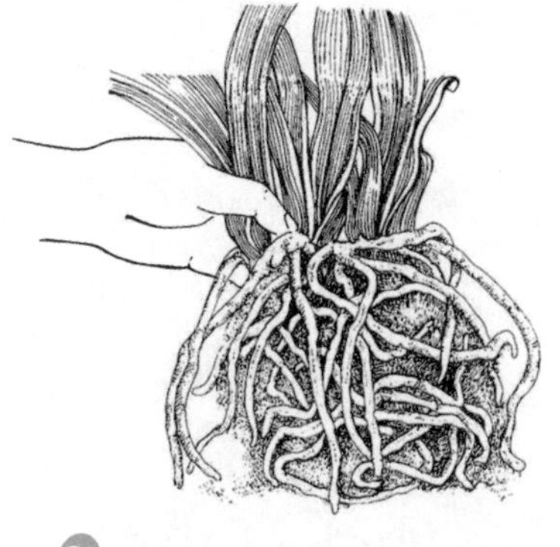

2 每年5~6月間，將植株從花盆中脫出，去掉老根和舊土。

3 重新換土盆，防止爛根種好後不要立即澆水，而是放在陰涼處3~4天後再澆水。

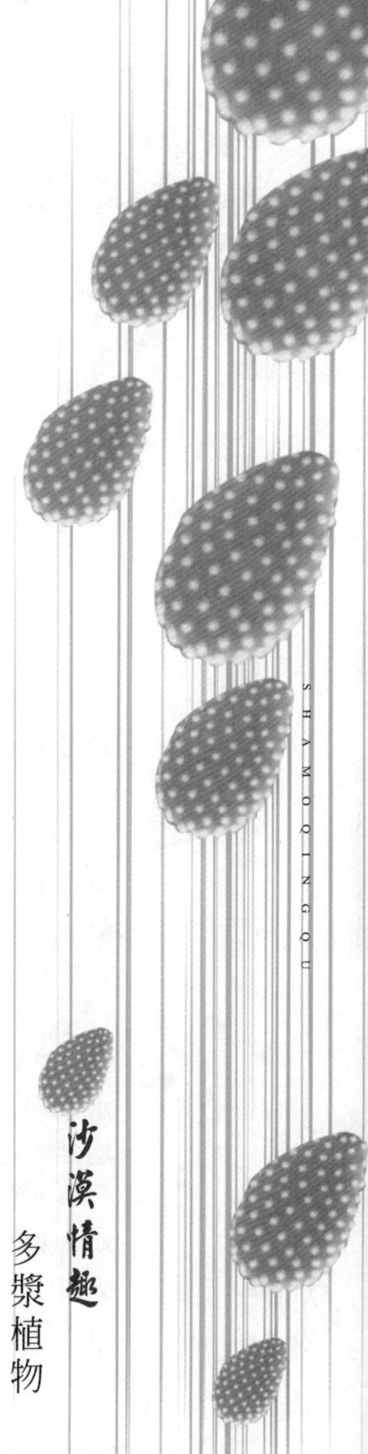

沙漠情趣

多漿植物

多漿多肉植物是專指那些因具有發達貯水組織而致使根、莖、葉呈現肥厚多汁變態特徵的植物。它們形態奇特，開花奇麗，在觀賞植物中別具一格，個性化特徵顯著，頗具趣味性，備受人們珍視，是養花族追求的時尚新寵。

蟹爪蘭

XieZhuaLan

又名：蟹葉仙人掌、錦上添花

夏季適當遮陽，冬季要充分接受日照，有利花芽的形成和花色鮮豔。春、秋兩季可放置於半陰處養護 。

稍耐寒，冬季在 5 ℃以上的室內可安全過冬，低於 5 ℃則進入半休眠，但以10~15℃為宜。夏季溫度高最難管護，如果盆內積水和通風不良，莖節萎縮發黃而脫落，最好放在半陰通風處養護。

較耐乾旱，盆土不乾不濕。在花蕾初形成時，水分應略加限制，讓盆土稍乾燥，澆水過多或過乾均容易引起花蕾脫落，但孕蕾期要經常噴水，保持莖和花蕾濕潤。在夏季生長期間，每日都應澆水，過乾莖節乾癟不夠飽滿。開花後有短時間（5~6週）的休眠期，這時盆土要稍乾，保持莖節不乾縮即可，待莖的頂端生出新芽時再多澆水。

要施放基肥，在春、秋兩季每週追施 1 次稀薄水肥，入夏後停止施肥。花前（秋季）增施磷肥，花後（春季）多施鉀肥。施肥不足，株植容易老化，莖節會脫落。施肥太多，雖然植株生長旺盛，但容易引起病害。

嫁接的方法

1 在春、秋兩季，氣溫為15~25℃的時候嫁接最適宜。

2 選用仙人掌做砧木，削去仙人掌頂部，在其斷面縱切一楔形裂口。

3 切取2~3節長的蟹爪蘭做接穗，底部用刀片削成鴨嘴狀楔形。

4 將蟹爪蘭插入仙人掌中，用針刺橫貫插入固定 。

5 在 20 ℃ 以上，保持空氣乾燥，避免陽光直射，大約10天左右即可癒合 。

曇花
TanHua

又名：曇華、月下美人、瓊花

在半陰條件下，生長最適宜。畏烈日，尤其在夏季最好不要曬太陽。但也不要過於陰蔽 ，否則會影響開花。

喜溫暖，不耐寒，冬季在長江流域大部分地區以及北方地區，應放置室內過冬，室內溫度10℃左右即可不受凍害。

春、夏、秋季要保持土壤濕度而不漬水，冬季休眠應控制澆水，以盆土不過於乾燥為宜。增加環境的空氣濕度對生長十分有利，在夏季最好早晚各噴霧 1 次。

除基肥外，春末夏初孕蕾開花期還要施追肥，以促其生長及孕蕾，如是扁平分枝變成黃綠色，可檢查是否

曇花白天開花的方法

當花蕾長大到 6cm 時，日出前把它移入暗室，不得見光，日落後用 100瓦白熾燈照明，這樣處理7~10天後，就可使其花蕾在白天開放 。

盤根，如沒有盤根，則為肥料不足，應及時追肥。在肥水中加少量硫酸亞鐵和過磷酸鈣，則變態莖和花會更加鮮美。

曇花與令箭荷花的區別

1 曇花與令箭荷花的外形十分相似而容易混淆。

2 曇花的莖寬而薄，令箭荷花的莖狹窄而豐厚。

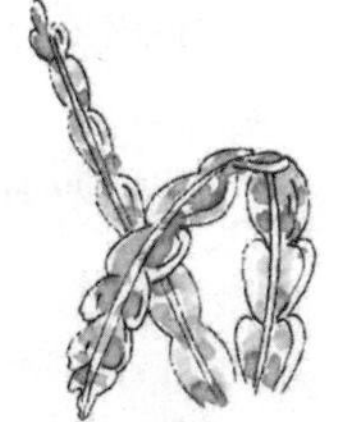
曇花

令箭荷花

曇花

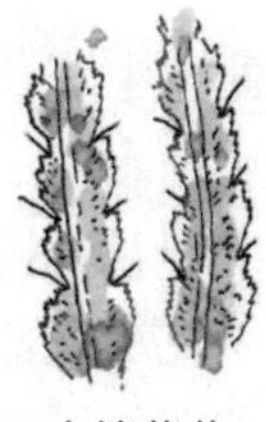
令箭荷花

3 曇花的莖邊緣鋸齒淺，令箭荷花的莖邊緣鋸齒深，且鋸齒凹入部分有細刺。

令箭荷花

LingJianHeHua

又名：紅孔雀

種養在能曬到太陽的地方，冬季放在室內也最好靠近有陽光直射的窗旁。長期得不到日照，開花少甚至不開花。盆栽中常出現生長繁茂而不開花的情況，就是由於放置地點過分陰蔽。但夏季應放在半陰處，避免烈日暴曬，否則變態莖易發黃。

熱帶植物，喜高溫，不耐寒，越冬室溫需維持10℃以上。

澆水要適量，保持盆土中等濕潤即可，如果放在露天要注意避雨，防止積水爛根。多濕環境對生長發育十分有好處，但出現花蕾後，宜少澆水，水分過多，會引起不開花、花小或落花等現象。經常給花盆周圍噴水，以增加空氣濕度。

較喜肥，除在盆土中放少量基肥外，在生長期每10天還可施 1 次復合肥水，但絕不要施氮肥太多。花後有一段休眠期，此時要嚴格控制澆水施肥，以防爛根。

不開花的主要原因

1 施肥過多，生長很旺，但不開花。

2 澆水過多，生長很旺，但不開花。

3 光照不足，生長很旺，但不開花。

翡翠珠

FeiCuiZhu

又名：一串珠、綠之鈴

不能陽光直射，適合室內栽植，最好放在靠窗邊最明亮的地方。

喜好涼爽環境，生長適宜溫度為12~18℃，過冬氣溫維持在10℃以上，夏季酷熱最好移至通風陰涼處比較好。

耐旱力相當強，澆水應特別小心，寧乾勿濕，只保持盆土略濕即可。如澆水稍多就很容易腐爛死亡，尤其在夏天休眠期，更要注意控制澆水量，初學者往往在夏季多澆水而導致植株腐爛死亡。

春秋是生長季節，可追施 2~3次稀薄水肥。施肥以後要馬上用清水淋一遍，以免肥水沾染植株後導致腐爛。

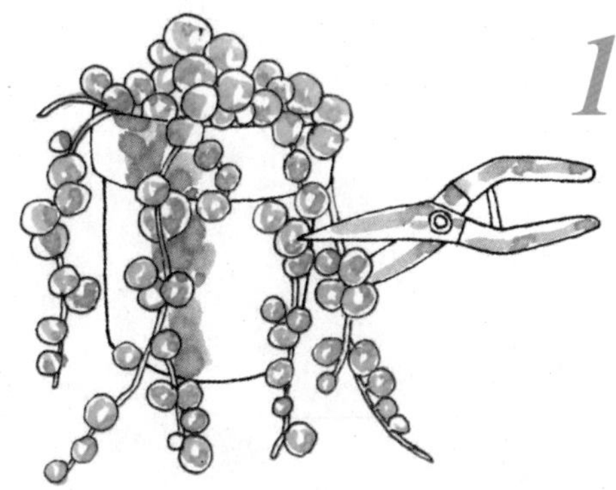

1 切取4~5節的莖蔓。

2 平伏在土面上，在節間處蓋上土。

3 保持盆土微濕，
20天就可發根。

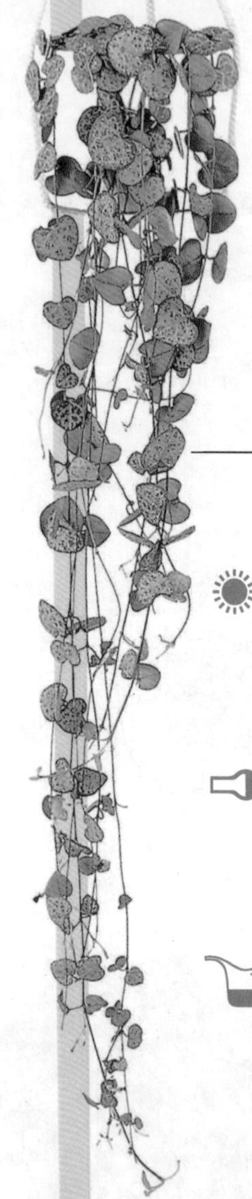

吊金錢

DiaoJinQian

又名：鴿蔓花、愛之蔓

最適宜在半陰環境中生長，也較耐陰，適合在居室內種養，擺於花架或懸掛於窗口都顯得十分靈巧可愛。

耐寒力差，冬季要放在室內養護培育，溫度低於 8 ℃易受寒害，主要表現為落葉，生長適宜溫度為18～25℃。

喜濕潤，尤其在夏季天熱時，需多澆水並時常給葉面噴水，如果乾燥葉片會顯得暗淡無生機。冬季氣溫低，降至10℃以下時呈生長停滯休眠狀態，要適當控制澆水。

對土壤肥力要求不高，不過追肥可以促壯枝葉，增強觀賞效果。追肥一般在夏季進行，冬季不宜追肥。

扦插繁殖法

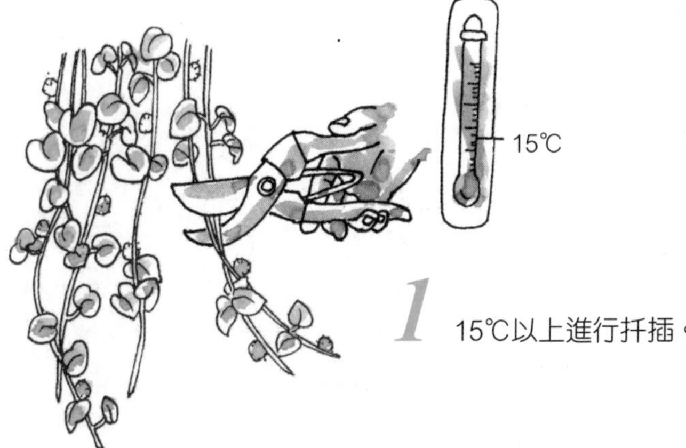

1 15℃以上進行扦插。

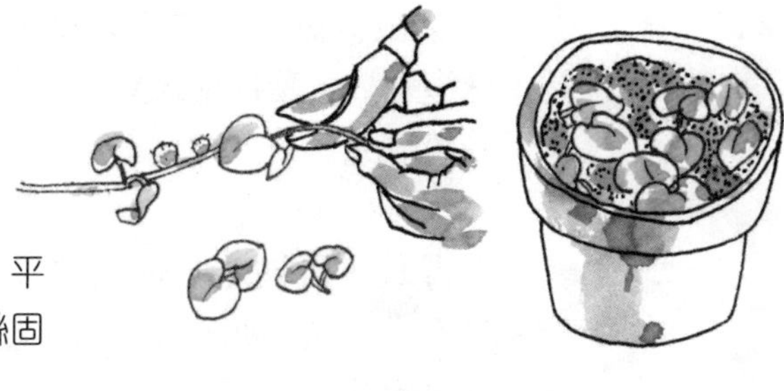

2 剪取 2 節以上莖蔓，平鋪於砂土上，用銅絲固定卡在土面上。

3 保持一點濕潤，20天左右就會生根。

石蓮花

ShiLianHua

又名：寶石花、蓮花掌

十分喜好陽光，若光照充足，葉片短肥，株型緊湊，葉色也更加亮麗。若光照不足，則葉片瘦長，株型鬆散，葉片稀疏瘦弱，且易脫落，葉色也顯得暗淡無光。

喜溫暖，既畏寒，也怕熱，生長適宜溫度是15~25℃。在氣溫低於 8 ℃或高於30℃時，株植葉片會逐漸脫落。

喜乾燥，較耐旱，不要天天澆水，也不能讓盆土久濕不乾，要看見盆土變乾後再澆水，否則很容易使植株腐爛，尤其在夏季高溫和冬季低溫時期，要特別注意保持乾燥。澆水時要避免淋在葉面上，以免葉片產生水漬斑而影響美觀。

在種植前給盆土中拌些固體肥料就足夠滿足其生長需求了，在種後可以不再追肥。

葉片扦插繁殖法

1 掰取健壯葉片。

2 基部埋入插於砂土中。

3 保持稍微潮濕，即可萌生幼小子株。

燕子掌

YanZiZhang

又名：玉樹、景天樹

適宜光線明亮環境，炎夏受到暴曬易引起葉片萎縮而枯黃，但光線過暗葉色不濃綠，且枝條細長，葉片薄而小。

喜溫暖，稍耐寒，冬季10℃以上室溫即可過冬，溫度太低會引起掉葉。

澆水一定要適量，不可缺少水分，也不可過量，一般3天左右澆1次，維持盆土稍濕即可，過乾會引起落葉。

盆土中少量摻入基肥，6~9月份可追肥2~3次低濃度水肥即可滿足其生長的需要。為保持植株豐滿，施肥不能太多。

葉插繁殖法

1 切下葉片，晾曬1小時，使傷口脫水收口。

2 插於砂土中，澆水保濕。

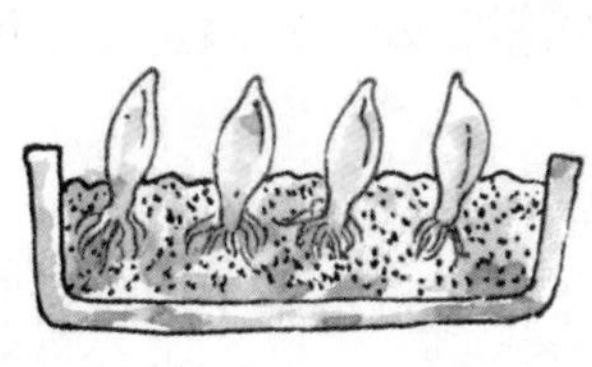

3 一個月後即生根長芽。

虎尾蘭
HuWeilan

又名：千歲蘭、虎皮蘭

適宜半陰環境，光線過強，葉片不夠綠，光線過弱，葉片斑紋不明顯。長期置於室內光線不足處的植株，切忌突然移至強日照下，否則葉片會發生灼傷 。

喜溫暖，稍耐寒，在溫度 8 ℃以上的室內即可安全過冬。

澆水要適中，保持盆土略濕潤即可，不要讓盆土乾旱過久或長時間太濕，否則都會使葉片出現枯斑和葉尖黃化。冬季氣溫低，植株處於休眠期，需保持盆土適當乾燥，冷濕是冬季根系腐爛的重要原因。

需肥不多，每月施 1 次復合肥，不能只施氮肥（尿素），否則葉面的斑紋色就會變得暗淡。

扦插繁殖法

2 按照葉片生長方向斜插入砂土中，切不可顛倒方向。

1 剪取葉片，並用利刀將葉片分切成5公分長一段。

3 2~3個月後，切口會萌生出小的株植。

4 斑葉品種不能用扦插方法繁殖，否則小苗的花斑會消失，應用分株方法繁殖。

球 蘭

QiuLan

又名：臘蘭

春、秋兩季有間接日照最適合，夏季宜放在半陰處，冬季要充分接受日照。日照太強葉片粗糙發黃；日照太少又不利於開花。要想植株開花，每天最好有 3~4小時的直射陽光。

對環境溫度變化適應性較強，但冬季要在 8 ℃以上才能安全過冬，在高溫條件下生長旺盛。

雖有很強的耐旱能力，但在夏季要使植株生長開花良好，就必須創造一個高濕的環境，因此，經常給葉面和周圍環境噴水是養好球蘭的關鍵。

生長較慢，最好在盆土中施足基肥，以持久供給植株生長所需的養料，6~9月份，每月追肥 1 次。在高溫條件下，用0.1%的尿素水溶液噴灑葉片正反兩面，這樣追肥的效果不錯。

養護要訣

1 高溫、高濕是最佳生長環境。

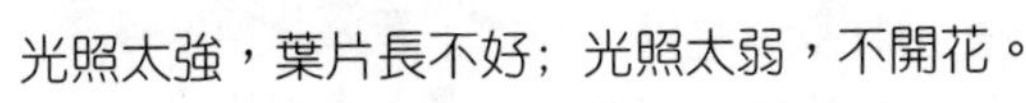

2 光照太強，葉片長不好；光照太弱，不開花。

蘆薈

LuHui

對光照適應能力強，在全日照環境中生長最為健壯，葉也最美麗。也耐半陰，不過長期曬不著太陽，植株一般生長比較纖弱。因此，在室內擺設時應盡量放在靠近有日光的南面窗邊。

在25℃以上，最有利於其生長。具有一定的抗寒能力，可耐 3 ℃的低溫。如果早春發現葉面腐爛，多數是因為過冬受凍所致。

因根系淺而不發達，除夏天應充分供應水分外，其他季節澆水應輕澆勤澆。澆水適少，不宜多，盆土過濕或積水，易導致莖葉腐爛，因此在種植時，盆底應多墊碎石，盆土中多滲些沙，這樣有利於排水。尤其新栽種的，更要節制澆水。

小竅門

冬季用塑料袋將植株連同花盆一起罩住。在塑料袋頂部開幾個通氣孔。套袋後每半個月澆 1 次水即可，既省事又保溫。

在旺盛生長期，每 2~3 週施 1 次完全液體肥料。冬季處於休眠期不可再施肥。

1. 從母株基部切取萌生的小株。
2. 將小株插入砂土中，保持中等濕潤，約20天可生根。

種植的方法

1 種植不要埋土太深，不要把下部葉片也埋入土中，以免基部葉片腐爛。

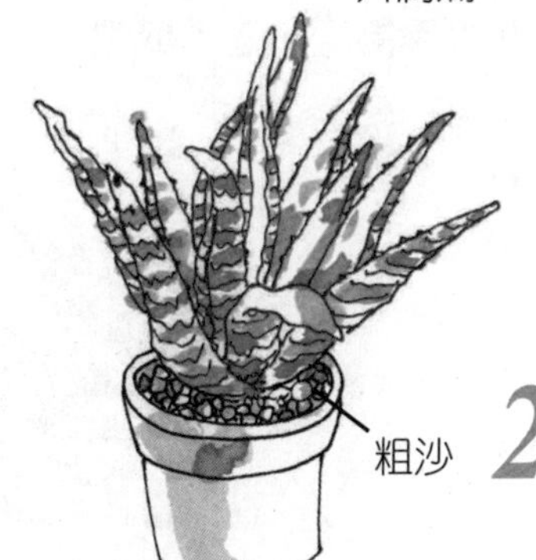

2 可以在盆面與葉片接觸的地方鋪一層粗沙。

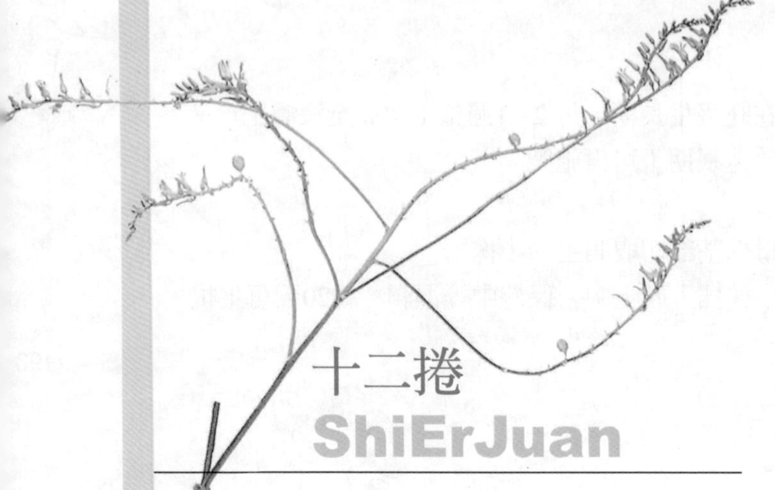

十二卷

ShiErJuan

又名：雉雞尾、銼刀花

在陽光充足和略陰環境下生長良好，但夏季有一段休眠期，最好放在疏陰條件下養護。

喜溫暖也稍耐寒，冬季在10℃以上可繼續生長，當溫度降到 5 ℃以下即進入休眠。只要放在室內，一般都能越冬。夏季高溫炎熱，植株呈休眠狀態。

耐乾旱，怕水濕，尤其在夏季高溫和冬季低溫時的休眠期要特別注意。澆水以少為宜，盆土過濕極易導致爛根而葉片萎縮。澆水時要避免水積在葉簇中 。

在春秋兩季可施幾次水肥，在冬、夏季不要施肥。

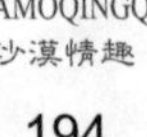

1 發現葉片乾縮時，即根系出了問題。

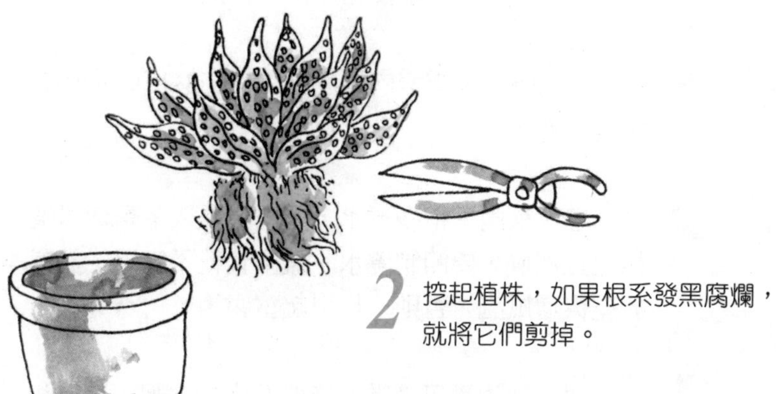

2 挖起植株，如果根系發黑腐爛，就將它們剪掉。

3 重新扦插在砂中，噴少量水，經過一段時間養護又可重新生根。

大花犀角

DaHuaXiJiao

又名：豹皮花

夏季宜半陰環境種養，如直射陽光太強，肉質莖常呈現紅色。冬季要充分接受日照。

喜溫暖，冬季室內溫度應保持在8~10℃以上才能安全越冬。

春、秋兩季稍多澆水，夏季炎熱或冬季低溫植株生長緩慢，要節制澆水，盆土宜乾不宜濕，並置於乾爽通風處，否則，易引起莖腐。

春、秋兩季可適當追施低濃度的水肥，夏季和冬季切忌追肥。

養護要訣

1 夏季直射陽光會使肉質莖發紅。

2 冬季低溫要保持盆土乾燥，否則易引起莖腐。

長壽花

ChangShouHua

又名：日本海棠、伽藍菜

對光照要求不嚴格，在全日照、半日照或散射光的地方均能良好生長，但想要花開得好，就應多接受日照。

喜溫暖，20℃左右適宜生長，低溫（10℃以下）或高溫（30℃以上）都對生長不利。越冬溫度要求10℃以上，當冬季葉片發紅時，就表明氣溫太低而對植株產生了影響。

耐旱怕濕，澆水量因季節而異，春、秋兩季每隔 2~3 天澆水 1 次，夏季要待盆土乾了才能澆水，冬季更要小心澆水，一般每週澆水 1 次即可，尤其在夏、冬兩季，盆土過濕極易導致根莖腐爛。

追肥宜在春、秋兩季進行，每隔半月追施 1 次即可。

養護要訣

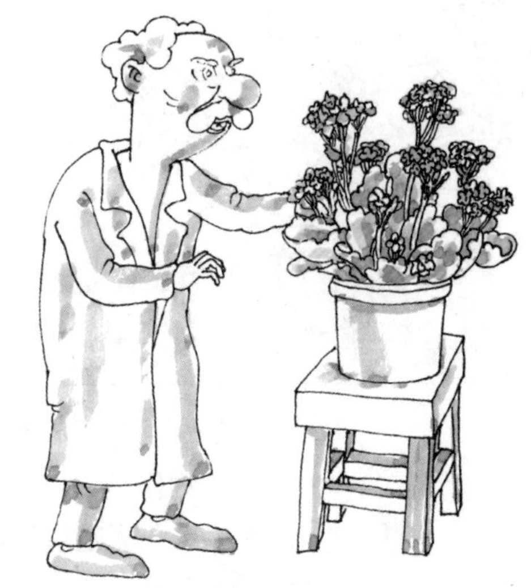

1 生長旺盛時期注意及時摘心，促進多分枝，使株形更豐滿，開花更多。

2 趨光性強，要經常調換花盆的方向，使其受光均勻，否則就會發生偏冠而影響觀賞效果。

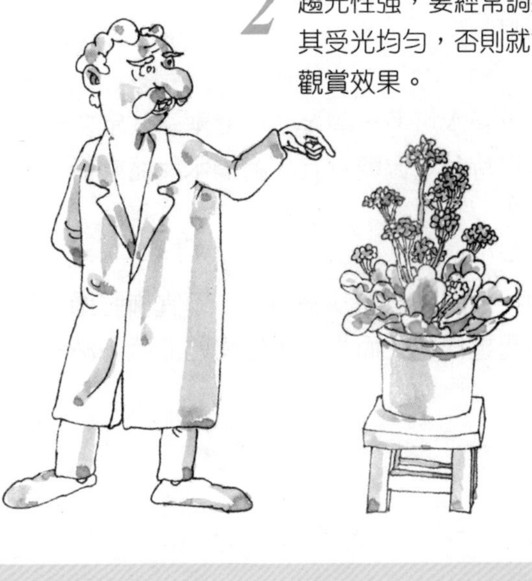

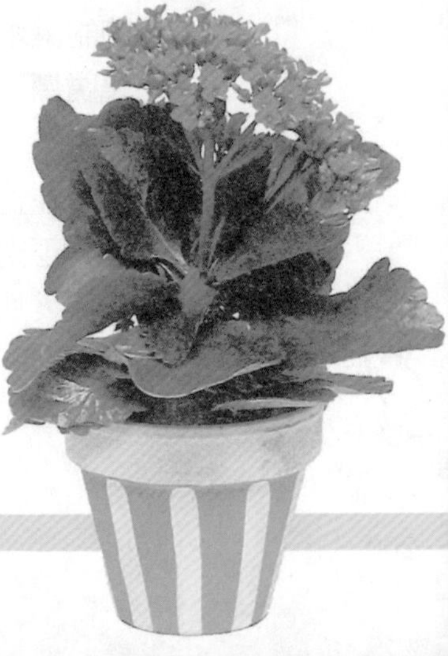

雞冠麒麟

JiGuanQiLin

又名：玉麒麟、麒麟角

在光線明亮處生長最好，強光暴曬植株莖葉發黃枯萎。

喜溫暖，既不耐高溫，也不耐寒。冬季室溫要保持在10℃以上，否則葉片會發黃而脫落，但只要開春溫度回升，植株又可重新長出新葉。夏季超過35℃時進入休眠。

春、秋兩季澆水可多一些，冬、夏兩季一定要節制澆水，以保持盆土偏乾為宜，多澆水反而會引起腐爛。

在盆土中拌少許肥料作基肥即可，不宜施肥過多，否則會引起植株徒長而失去了怪異的形狀，減少觀賞性。

汁液要清洗

1 莖葉中含有的白色乳汁有毒。

3 避免沾染衣服，不然很難洗掉斑漬。

2 栽培中沾染皮膚後，用清水沖洗乾淨，以免引起皮膚過敏。

山影拳

ShanYingQuan

又名：仙人山、山影

喜陽光充足，也能耐陰，可放在室內向陽、通風良好的窗臺上長期養護。夏季不宜烈日暴曬，避免造成莖體泛黃。

喜溫暖，耐高溫，稍耐寒。室溫保持在 8 ℃以上可安全越冬。

澆水宜少不宜多，要見乾見濕，一般每隔 3~5 天澆 1 次水。澆水過多，植株生長過快，會導致莖段不夠肥厚粗壯和棱狀不夠突出而降低觀賞價值。

盆底施少量基肥即可，無須追施其他肥料，只在生長季節追施 2~3 次硫酸亞鐵水溶液，就可促使莖乾鮮綠潤澤 。

土法防治紅蜘蛛

1 在炎夏高溫乾燥而不通風的環境中，植株易遭受紅蜘蛛危害。

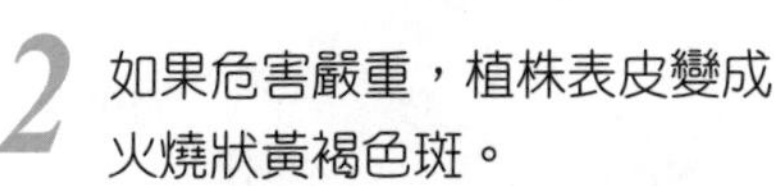

2 如果危害嚴重，植株表皮變成火燒狀黃褐色斑。

3 及時發現後，用水沖洗，並加強通風。

仙人掌

XianRenZhang

又名：仙桃、梨果仙人掌

向陽植物，喜日照充足，但酷夏適當遮光植株更為新鮮，否則，植株表皮層會加快老化。接受陽光要均匀，應及時轉動花盆。

喜溫熱，家庭種養應創造較大的晝夜溫差，因為溫差大，更有利於植株充分生長發育。一般白天20～30℃，夜間在10~15℃最合適，若冬季低於8℃要移入室內避寒。

耐乾旱，即使一年不澆水也不會枯死，但給於一定水分更能促進其生長，一般盆土見乾後再澆水比較好，如果長期盆土潮濕，容易導致爛根和莖腐爛。栽植時不宜過深，根莖與土面要相平。

種植時可適量摻和基肥，生長期可少量追肥，一年施 2~3 次液肥即可。

養護要訣

1 夏季高溫易發生紅蜘蛛危害，要注意多澆水多通風。

2 盛夏稍加遮陽可以延緩植株老化，保持表皮和針刺新鮮。

仙人筆

XianRenBi

喜直射陽光，尤其在冬季生長期更加需要日照。也適合在室內散射光下生長。

喜溫暖，生長適溫為18~21℃。較耐寒，能忍受 4℃左右低溫。

對水分要求不多，只要盆土略濕潤就能滿足。水澆少了，葉片易脫落。水澆多了，莖易腐爛。冬夏兩季易發生莖腐，要控制水肥。

耐瘠薄，不需追肥也能正常生長，施肥過多反而會造成植株徒長而影響美觀。

虎刺梅

HuCiMei

又名：鐵海棠、麒麟刺

要求日照充足，開花期間更是如此。在陽光處開花繁勝，花色也特別鮮豔，如果陽光不足時開花稀少 ，長期蔭蔽則不開花。

喜溫暖，耐高溫，怕嚴寒。冬季低於10℃時，葉片會發黃脫落而進入休眠，低於 4 ℃會凍傷莖乾。

比較耐乾旱，但在生長期間也應充分澆水才能枝繁葉茂，只是注意不要積水。冬季為提高植株植抗賽能力，可以少澆水，保持盆土不乾即可。

生長季每 2 週施 1 次肥水，孕蕾期增施1~2次磷肥則花多色豔。

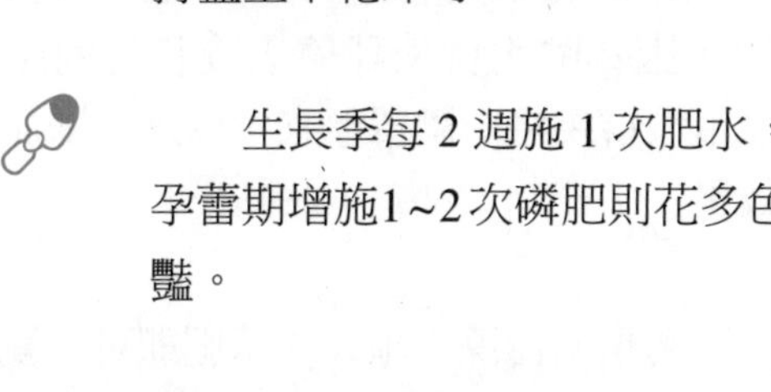

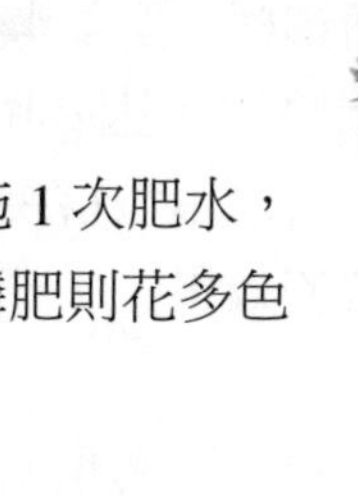

金 琥

JinHu

又名：象牙球、金刺球

要求陽光充足，缺少日照，球體長得細長而不圓滿，且針刺少而細短不好看。但夏季宜半陰，強光直射會灼傷針刺，使得針刺失去光澤而影響觀賞效果 。

生長適溫20~28℃，夏季高溫和冬季低溫都會導致休眠。不耐寒，越冬溫度最好保持12℃以上，溫度太低時球體會產生黃褐斑，嚴重時春季會爛球。

澆水要適量，保持盆土略偏乾為宜，尤其在冬夏兩季休眠時期應嚴格控制澆水量，避免因澆水過多而爛根。空氣濕度高對生長有利，但不要給球體直接噴水，因為噴水會使球體表皮和針刺產生鏽斑，可以用塑料袋將球體罩起來，以達到增加空氣濕度的效果。

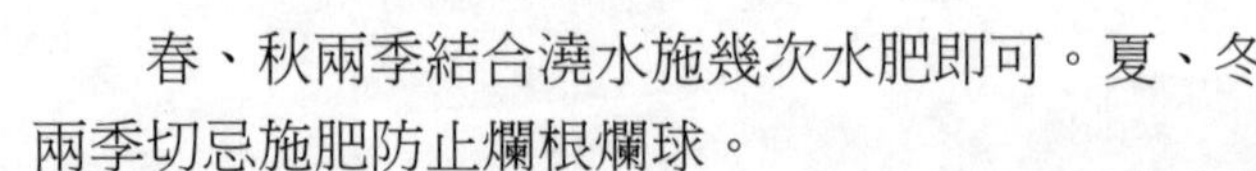

春、秋兩季結合澆水施幾次水肥即可。夏、冬兩季切忌施肥防止爛根爛球。

大展好書　好書大展
品嘗好書　冠群可期